工业机器人离线仿真技术

主　编　程麒文
副主编　刘　洋　施　丹　孙在松
参　编　张永波　刘雨奇　何正莲

北京理工大学出版社
BEIJING INSTITUTE OF TECHNOLOGY PRESS

内 容 简 介

本书在编写中坚持以习近平新时代中国特色社会主义思想为指导，深度融合党的二十大报告内容和精神，以培育智能制造科技人才为责，在创新驱动发展战略中养成职业技能自立自强意识，在精细化和智能制造中，培养造就德才兼备的高素质和高技能人才，实施人才强国战略，形成人才引领驱动。

在编写思路和风格设计上，以新型活页和工作手册为主要形式。书中的项目和任务重点突出实践操作过程，在内容设计和组织上，根据完成任务所需要的知识和技能开展学习和检测，并将任务中涉及的知识点和技能点进行整合和拓展，以激发和引导读者能完成项目。按照认识软件→简单轨迹运行→创建模型及工具→复杂轨迹模拟→动画仿真等设计了六个项目，共计 25 个学习任务，主要面向于职业院校工业机器人相关专业的学生、企业人员等对工业机器人离线仿真技术的学习和实践，具有基础技能的训练要求和拓展任务的提升过程。教材中插入了大量的图片，以展示实施过程和操作要求，并以通俗易懂的文字介绍讲解，附有学习检测、考核表、学习记录单、学习总结等活页材料，供读者对学习结果实施自我检测和总结记录，更具有自主性。已开发了配套教材学习的网络课程资源。

图书在版编目（CIP）数据

工业机器人离线仿真技术／程麒文主编. -- 北京：
北京理工大学出版社，2023.6
ISBN 978-7-5763-2485-3

Ⅰ.①工… Ⅱ.①程… Ⅲ.①工业机器人-程序设计
-高等学校-教材②工业机器人-计算机仿真-高等学校
-教材 Ⅳ.①TP242.2

中国国家版本馆 CIP 数据核字（2023）第 106798 号

出版发行／北京理工大学出版社有限责任公司
社 址／北京市海淀区中关村南大街 5 号
邮 编／100081
电 话／（010）68914775（总编室）
（010）82562903（教材售后服务热线）
（010）68944723（其他图书服务热线）
网 址／http：//www.bitpress.com.cn
经 销／全国各地新华书店
印 刷／涿州市京南印刷厂
开 本／787 毫米×1092 毫米 1/16
印 张／21
彩 插／1
字 数／482 千字
版 次／2023 年 6 月第 1 版 2023 年 6 月第 1 次印刷
定 价／89.00 元

责任编辑／钟 博
文案编辑／钟 博
责任校对／周瑞红
责任印制／李志强

前　言

　　制造业体现了一个国家的生产力水平，是立国之本、兴国之器、强国之基，作为中国的支柱产业，制造业一直保持较好的发展态势。习近平总书记在党的二十大报告中强调，坚持把发展经济的着力点放在实体经济上，推动制造业高端化、智能化、绿色化发展。《中国制造2025》是中国实施制造强国战略的第一个十年行动纲领，坚持"创新驱动、质量为先、绿色发展、结构优化、人才为本"的基本方针，坚持"市场主导、政府引导，立足当前、着眼长远，整体推进、重点突破，自主发展、开放合作"的基本原则，通过"三步走"实现制造强国的战略目标，争取到中华人民共和国成立100周年时，中国的制造业大国地位更加巩固，综合实力进入世界制造强国前列。只有坚持"科技是第一生产力，人才是第一资源，创新是第一动力"的精神，才能深入实施科教兴国战略、人才强国战略、创新驱动发展战略，开辟发展新领域、新赛道，促进数字经济和实体经济的深度融合。

　　随着人工成本的增加和技术的进步，以工业机器人为代表的智能装备已经成为智能制造技术应用的重要载体，为相关行业带来了革命性的产业变革，传统的工业自动化已经转型升级为无人化的智能生产制造，越来越多的岗位已由工业机器人占主导。自2014年以来，中国已经连续成为全球最大的工业机器人消费国，其销售额一直呈现增长的趋势，预计在5G、大数据、云计算和AI技术的不断融合下，未来工业机器人将进一步朝智能化、网联化的方向转型升级，智能工业机器人和工业云平台将成为工业机器人产业的重要赛道。我们要树立自信自立的决心，不断推动工业机器人品牌国产化、智能化、高端化发展；坚持人民至上的价值导向，做到安全生产和节约式投入，在保证工业机器人生产系统高效运行的前提下，推动绿色发展，在发展中坚持"绿水青山就是金山银山"的理念。因此，工业机器人及智能制造项目在方案设计时需要利用工业机器人离线仿真技术提前做好项目的规划设计，让客户能直观地查看和实际一致的生产工艺过程，通过可视化及可确认的解决方案和布局，对干扰因素和疑难问题进行仿真分析和修正，并利用创建更加精确的路径来获得更高的生产质量。

　　本书坚持以习近平新时代中国特色社会主义思想为指导，深度融合党的二十大报告内容和精神，以培育智能制造科技人才为责任，在创新驱动发展战略中培养职业技能自立自强意识，在精细化和智能制造中造就德才兼备的高素质和高技能人才，实施人才强国战略，形成人才引领驱动。本书的项目和任务重点突出实践操作过程，在内容设计和组织上，根据完成任务所需要的知识和技能开展学习和检测，并对所有任务涉及的知识点和技能点进行整合和拓展以完成项目。本书按照认识软件→运行简单轨迹→创建模型及工具→模拟复杂轨迹→动画仿真的思路设计了 6 个项目,共计 25 个学习任务,主要面向职业院校工业机器人相关专业的学生、企业人员等对工业机器人离线仿真技术的学习和实践要求,体现了基础技能的训练要求和拓展任务的提升过程。本书包含大量图片,以展示实施过程和操作要求,并以通俗易懂的文字进行介绍讲解,附有学习检测、考核表、学习记录单、学习总结等活页材料,供读者对学习结果实施自我检测和总结记录,使学习更具有自主性。本书已开发了配套的网络课程资源。

本书由日照职业技术学院程麒文担任主编,由青岛工程职业学院刘洋、上海电器设备检测所有限公司施丹和日照职业技术学院孙在松担任副主编,日照职业技术学院张永波、刘雨奇和何正莲参与编写。本书在编写体例和风格设计上,以活页和工作手册为主要形式,在内容编写和资源建设中,得到了 ABB 工业机器人公司、北京华航唯实机器人科技股份有限公司、日照舜臣机电科技有限公司、上海电器设备检测所有限公司等企业的支持,在此表示诚挚的感谢。

由于编者的水平和时间有限,书中难免有不足之处,敬请专家和读者批评指正。

编　者

目 录

项目一 认识工业机器人离线仿真技术

项目描述

工业机器人离线仿真技术面向工业机器人系统工艺设计岗位。对于无人化制造项目中，应培养能实现技术创新、德才兼备的高素质高技能人才，凝聚企业技术团队的优势，使更多的职业人成为国家智能制造领域创新发展中的重要力量。

为了能让客户直观地查看工业机器人的运行情况，设计人员需要从生产条件、产品规格、场地要求、生产成本等方面综合考虑，在计算机上利用仿真软件，布局整体、规划工艺、优化路径、演示过程，通过查看仿真结果所展示的不足，在软件中修改完善，以满足客户的要求，降低投入成本，节约资源和经费。本项目要求学习者能够正确下载、安装、授权 RobotStudio 软件，并能熟练掌握 RobotStudio 软件操作界面各部分的功能。安装、授权完成的 RobotStudio 软件操作界面如图 1.0.1 所示。

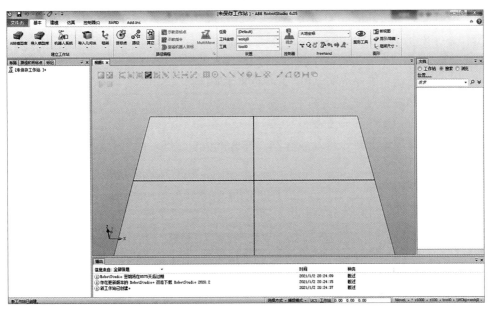

图 1.0.1 安装、授权完成的 RobotStudio 软件操作界面

学习说明

项目一的思维导图如图 1.0.2 所示。

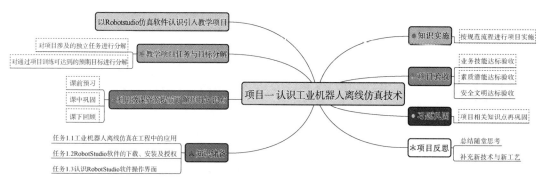

图 1.0.2　项目一的思维导图

教学目标

知识目标：
（1）了解工业机器人离线仿真技术的应用；
（2）学会 RobotStudio 软件的安装方法；
（3）学会 RobotStudio 软件的授权方法；
（4）认识 RobotStudio 软件的操作界面。

能力目标：
（1）能够正确下载 RobotStudio 软件；
（2）能够正确安装和授权 RobotStudio 软件；
（3）能够认识 RobotStudio 软件操作界面各模块；
（4）能够恢复默认的 RobotStudio 软件初始操作界面。

素质目标：
（1）能够灵活运用英语查阅 ABB 公司的官方网站；
（2）注重团队协作和分工；
（3）培养大国工匠的职业素养；
（4）能够坚持绿色创新，使自己成为可持续学习者，树立强国有我的责任感和使命感。

视频资源

与本项目相关的视频资源如表 1.0.1 所示。

表 1.0.1　项目一视频资源列表

序号	任务	名称	二维码	序号	任务	名称	二维码
1	工业机器人离线仿真在工程中的应用	认识工业机器人离线仿真技术	二维码1	2	RobotStudio软件安装及授权	RobotStudio软件的下载、安装及授权	二维码3
		RobotStudio软件的总体认识	二维码2	3	认识RobotStudio软件界面	RobotStudio软件的图形化操作界面的认识	二维码4

二维码 1

二维码 2

二维码 3

二维码 4

项目实施

本项目的具体完成过程是：学生自行下载、安装、授权 RobotStudio 软件→学生组内讨论、检查→代表汇报该环节遇到的问题→评价→认识 RobotStudio 软件操作界面→学生组内讨论→代表第二次汇报→评价→问题指导→巩固训练→师生共同归纳总结。

学生分组实施本项目，本项目的具体任务如下。

（1）按照安装步骤安装 RobotStudio 软件；

（2）完成对 RobotStudio 软件的激活或授权管理；

（3）指出 RobotStudio 软件操作界面中各部分的功能；

（4）完成 RobotStudio 软件初始操作界面的恢复。

操作步骤如下。

（1）安装 RobotStudio 软件；

（2）授权激活 RobotStudio 软件；

（3）分析 RobotStudio 软件操作界面的组成及相应功能；

（4）调整操作界面及恢复初始操作界面。

项目验收

对项目一各任务的完成结果进行验收、评分，对合格的任务进行接收。本项目学生的成绩主要从课前学习资料查阅报告完成情况（10%）、操作评分表（70%）表 1.0.2、平时表现（10%）和职业及安全操作规范（10%）等 4 个方面进行考核。

表 1.0.2　项目一操作评分表

任务	技术要求	分值	评分说明	得分	备注
下载 RobotStudio 软件	能找到官网并安全下载 RobotStudio 软件	10	（1）能否找到软件资源； （2）能完整下载软件； （3）能正确更新软件版本		
安装 RobotStudio 软件	能正确安装并解决安装过程中的问题	20	能正确安装简体中文版		
授权许可 RobotStudio 软件	（1）理解基本版与高级版的区别； （2）能够正确完成授权许可	20	（1）能区分基本版和高级版； （2）会合理完成软件授权		
RobotStudio 软件的操作界面	（1）认识 RobotStudio 软件的操作界面 （2）掌握恢复初始操作界面的方法	20	（1）认识操作界面中各部分的功能； （2）能一键恢复初始操作界面和选择性设置操作界面		

续表

任务	技术要求	分值	评分说明	得分	备注
安全操作	符合上机实训操作要求	15	（1）违反安全规范视情况扣5~10分； （2）课后规范收拾桌凳并关机		
职业素养	具有爱国情怀和创新意识	15	（1）掌握英语基本技能，能正确查阅 ABB 公司官网信息 （2）能说出 2 个及以上大国工匠的故事； （3）具有团队协作意识； （4）不说脏话，爱护公物		

项目工单

在项目实施环节中，学习者需按照表1.0.3所示学习工作单的栏目做好记录和说明，作为对项目一实施过程的记录，并为下一项目的交接和实施提供依据。

表1.0.3　"项目一 认识工业机器人离线仿真技术"学习工作单

姓名		班组		日期		年　　月　　日	
准备情况	工业机器人有哪些行业应用？				需说明的情况：		
	举例说明工业机器人离线仿真的优势。						
	工业机器人离线仿真技术的核心要素是什么？						
实施说明	RobotStudio 软件安装的基本过程：						
	RobotStudio 软件授权的基本过程：						
	RobotStudio 软件操作界面中各模块的组成：						
完成情况	已下载并正确安装 RobotStudio 软件		□是　□否				
	已授权并激活 RobotStudio 软件		□是　□否				
	已熟练掌握 RobotStudio 软件操作界面中各模块的组成		□是　□否				
备注							

任务 1.1　工业机器人离线仿真在工程中的应用

【知识储备】

一、工业机器人离线仿真技术

1. 工业机器人应用背景

在"中国制造 2025"的发展背景下，新一代信息技术与制造业深度融合，以智能制造为主攻方向发展高端装备制造技术。党的二十大报告强调，坚持把发展经济的着力点放在实体经济上，推进新型工业化，加快建设制造强国，推动制造业高端化、智能化、绿色化发展。随着各行业持续响应国家号召，企业中越来越多的岗位已由工业机器人占主导，无人化生产车间已不再罕见，工业机器人成为智能制造技术发展的主要实施载体。因此，劳动强度高、危险性高、重复性操作的岗位已经逐渐被工业机器人所取代。图 1.1.1 所示分别为 3C 行业的装配、弧焊、码垛和折弯。

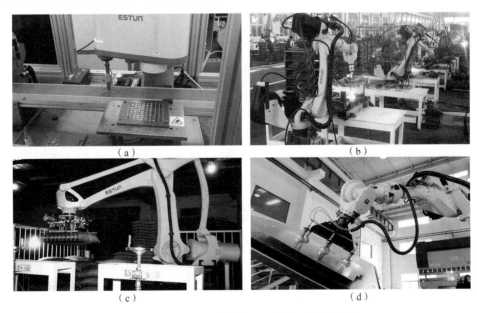

图 1.1.1　3C 行业的装配、弧焊、码垛和折弯
(a) 装配；(b) 弧焊；(c) 码垛；(d) 折弯

2. 认识工业机器人离线仿真技术

智能制造生产线的资金投入较大，为了保证工业机器人生产系统的高效运行，在方案设计时需利用离线仿真技术提前做好项目的规划和功能预览，让客户能直观地查看和实际生产一致的工业机器人生产工艺过程，通过可视化及可确认的解决方案和布局，对干扰因素和疑难问题进行仿真分析和修正。坚持人才引领驱动，强化现代化建设人才支撑的要求，

在精细化和智能制造生产中，提高对离线仿真技术的学习。图 1.1.2 所示为码垛仿真工作站。

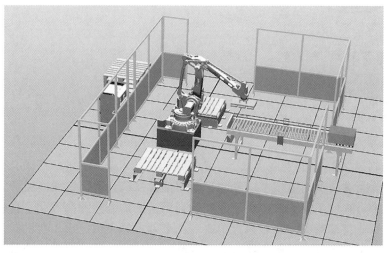

图 1.1.2　码垛仿真工作站

3. 工业机器人离线仿真技术的工程应用案例

工业机器人离线仿真是实施工业机器人项目之前的必备工作，通过对场地情况的布置和对项目功能、工艺等要求的情况进行分析，搭建与实际一致的工作站，做出符合生产工艺过程的效果和方案。工业机器人离线仿真技术的工程应用案例如图 1.1.3 所示。

4. 工业机器人离线仿真技术的优势

（1）在工业机器人离线仿真技术实施中，只需要软件即可完成相应的功能，大大降低了工业自动化设备投入成本。

（2）能够通过仿真结果，预览项目的预期功能，并通过结果分析进行优化。

（3）工业机器人离线仿真技术是一门综合技术，需结合"三维建模""自动化技术应用""工艺设计"等其他相关课程做好离线仿真，为后期项目的实施落地提供技术保障和支持。

二、离线仿真软件的功能

不同品牌的工业机器人研发公司配套有相应的离线仿真软件，考虑到工业机器人市场占有份额和软件的功能，本书主要以 ABB 公司研发的 RobotStudio 软件为平台，学习和掌握该软件的安装、授权管理、操作界面分布及各部分功能，并能够熟练操作。RobotStudio 软件的优势有以下几点。

（1）CAD 导入。RobotStudio 可轻易地以各种主要的 CAD 格式导入数据，包括 IGES、STEP、VRML、VDAFS、ACIS 和 CATIA。通过使用此类非常精确的三维模型数据，工业机器人程序设计员可以生成更为精确的工业机器人程序，从而提高产品质量。

（2）自动路径生成。通过使用待加工部件的 CAD 模型，可在短短几分钟内自动生成跟踪曲线所需的工业机器人位置。如果人工执行此项任务，可能需要数小时甚至数天。

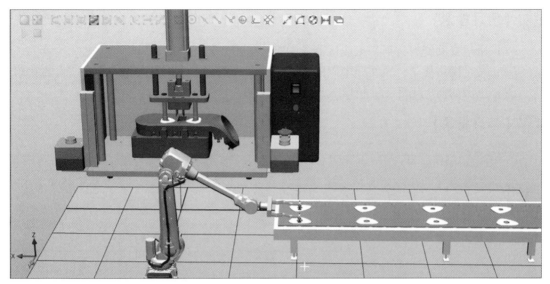

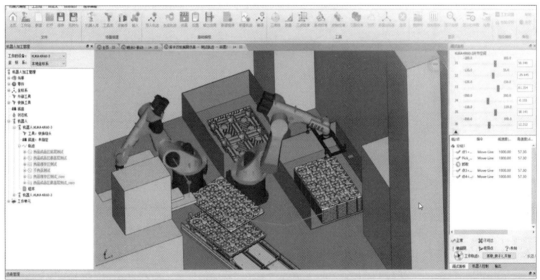

图 1.1.3　工业机器人离线仿真技术的工程应用案例

（3）路径优化。如果程序包含接近奇异点的工业机器人动作，RobotStudio 可自动检测出来并报警，从而防止工业机器人在实际运行中发生这种现象。仿真监视器是一种用于工业机器人运动优化的可视工具，红色线条显示可改进之处，以使工业机器人按照最有效的方式运行。可以对 TCP 速度、加速度、奇异点或轴线等进行优化，缩短周期。

（4）碰撞检测。在 RobotStudio 中，可以对工业机器人在运动过程中是否可能与周边设备发生碰撞进行验证和确认，以确保工业机器人离线编程得出的程序的可用性。

（5）程序编辑器。程序编辑器可生成工业机器人程序，使用户能够在 Windows 环境中离线开发或维护工业机器人程序，可显著缩短编程时间、改进程序结构。

（6）模拟仿真。根据设计，在 RobotStudio 中进行工业机器人工作站的动作模拟仿真以及周期节拍，为工程的实施提供真实的验证。

【学习检测】

（1）通过查阅资料，列举工业机器人的工程应用案例，并简要分析其工艺。

（2）通过网络搜索，在文档中以图文并茂的形式撰写工业机器人离线仿真技术的案例。

（3）思考如何应用好工业机器人离线仿真技术。

【学习记录】

学习记录单					
姓名		学号		日期	
学习项目：					
任务：				指导老师：	

【考核评价】

"任务 1.1 工业机器人离线仿真在工程中的应用"考核表

姓名		学号			日期		年　月　日	
类别	项目	考核内容	得分	总分		评分标准		签名
理论	知识准备（100分）	列举工业机器人在生产生活中的应用案例（30分）				根据完成情况和质量打分		
		什么是工业机器人离线仿真技术？它与实际工业机器人操作相比有哪些优势？（40分）						
		工业机器人离线仿真技术主要应用场合有哪些？（30分）						

类别	项目	考核内容		得分	总分	评分标准	签名
实操	技能要求（50分）	通过观看工业机器人离线仿真技术生产应用视频，了解工业机器人仿真技术及其发展	会□/未完成□			1. 会且能用书面文字完整表达得满分； 2. 会且不完全能用书面文字完整表达视情况得分； 3. 不会不得分	
	任务完成情况		完成□/未完成□				
	完成质量（40分）	工艺及熟练程度（20分）				1. 任务"未完成"此项不得分； 2. 任务"完成"，根据完成情况打分	
		工作进度及效率（20分）					
	职业素养（10分）	安全操作、团队协作、职业规范、强国责任等				1. 未发生操作安全事故； 2. 未发生人身安全事故； 3. 符合职业操作规范； 4. 具有团队意识	
评分说明							
备注	1. 该考核表原则上不能出现涂改现象，否则必须在涂改处签名确认； 2. 该考核表作为学生学习过程考核的标准						

项目一　认识工业机器人离线仿真技术

【学习总结】

_____

_____

_____

_____

_____

_____

_____

_____

_____

_____

_____

_____

任务 1.2　　RobotStudio 软件的下载、安装及授权

【知识储备】

一、RobotStudio 软件下载

为了保障所使用 RobotStudio 软件的版权和可操作性，ABB 公司官方网站提供用于下载学习的正规 RobotStudio 软件，登录网址为 https：//new.abb.com/products/robotics/robotstudio，如图 1.2.1 所示。

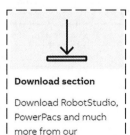
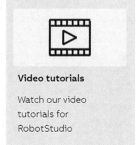

图 1.2.1　RobotStudio 软件下载

二、RobotStudio 软件的安装及授权

1. RobotStudio 软件的安装

为了确保 RobotStudio 软件能正确安装和正常使用，建议计算机的配置如表 1.2.1 所示。

表 1.2.1　计算机的配置

名称	配置	名称	配置
CPU	酷睿 i5 或以上	内存	4GB 或以上
硬盘	500 GB 以上	显卡	独立显卡

该软件的安装步骤如下。

（1）在安装软件文件夹中，双击"setup"安装图标，如图 1.2.2 所示。

ISSetupPrerequisites	2020/12/24 19:41	文件夹	
Utilities	2020/12/24 19:41	文件夹	
0x040a	2014/10/1 10:41	配置设置	25 KB
0x040c	2014/10/1 10:41	配置设置	26 KB
0x0407	2014/10/1 10:40	配置设置	26 KB
0x0409	2014/10/1 10:41	配置设置	22 KB
0x0410	2014/10/1 10:41	配置设置	25 KB
0x0411	2014/10/1 10:41	配置设置	15 KB
0x0804	2014/10/1 10:44	配置设置	11 KB
1031.mst	2018/10/31 10:26	MST 文件	120 KB
1033.mst	2018/10/31 10:26	MST 文件	28 KB
1034.mst	2018/10/31 10:26	MST 文件	116 KB
1036.mst	2018/10/31 10:27	MST 文件	116 KB
1040.mst	2018/10/31 10:27	MST 文件	116 KB
1041.mst	2018/10/31 10:27	MST 文件	112 KB
2052.mst	2018/10/31 10:27	MST 文件	84 KB
ABB RobotStudio 6.08	2018/10/31 10:16	Windows Install...	10,153 KB
Data1	2018/10/31 10:28	Cab 文件	2,097,156...
Data11	2018/10/31 10:28	Cab 文件	45,491 KB
Release Notes RobotStudio 6.08	2018/10/31 10:16	Adobe Acrobat ...	1,412 KB
Release Notes RW 6.08	2018/10/30 15:46	Adobe Acrobat ...	129 KB
RobotStudio EULA	2018/2/14 18:59	RTF 文件	120 KB
setup	2018/10/31 10:30	应用程序	1,674 KB
Setup	2018/10/31 9:56	配置设置	7 KB

图 1.2.2　双击"setup"安装图标

（2）选择"中文简体"选项，如图 1.2.3 所示。

图 1.2.3　选择语言

（3）单击"我接受该许可证协议中的条款"单选按钮并选择安装路径，如图 1.2.4 所示。

图 1.2.4 选择安装路径

（4）单击"完整安装"单选按钮和"下一步"按钮，直到安装完成，如图 1.2.5 所示。

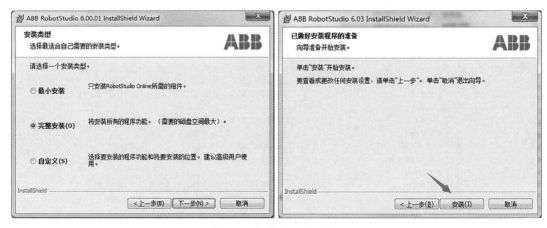

图 1.2.5 其他安装步骤

2. RobotStudio 软件授权

在第一次正确安装 RobotStudio 软件以后，该软件提供 30 天的全功能高级版免费试用，30 天以后如果还未进行授权操作，则只能使用基本版的功能，如图 1.2.6 所示。

（1）基本版：提供基本的 RobotStudio 功能，如配置、编程和运行虚拟控制器，还可以通过以太网对实际控制器进行编程、配置和监控等在线操作。

（2）高级版：除了包含基本版中的所有功能外，还提供 RobotStudio 的所有离线编程功能和多工业机器人离线仿真功能。

单机许可证只能激活一台计算机上的 RobotStudio 软件，而网络许可证可在一个局域网内建立一台网络许可证服务器，给局域网内的 RobotStudio 客户端进行授权许可，客户端的数量由网络许可证所允许的数量决定。

授权操作的步骤如下。

（1）选择"文件"功能选项卡，选择"选项"功能，如图 1.2.7 所示。

（2）单击"授权"→"激活向导"按钮，如图 1.2.8 所示。

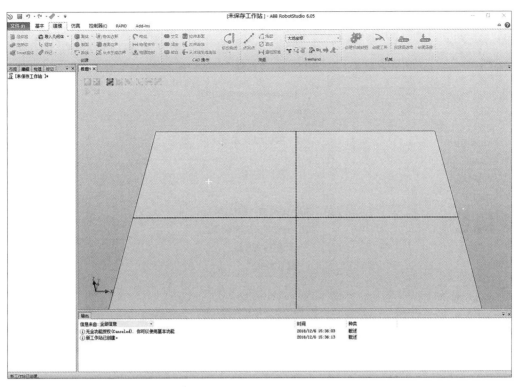

图 1.2.6　RobotStudio 软件基本版操作界面

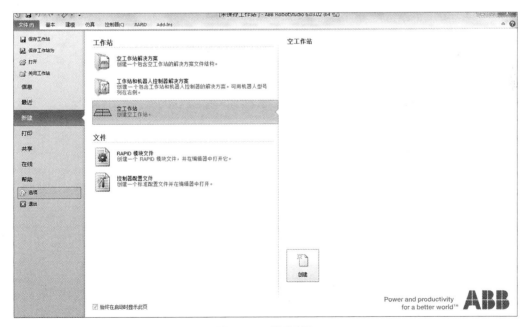

图 1.2.7　软件授权

（3）根据授权许可类型，选择"单机许可证"或"网络许可证"。单击"下一个"按钮，按照提示即可完成激活，如图 1.2.9 所示。

图 1. 2. 8　激活向导

图 1. 2. 9　激活完成

【学习检测】

（1）通过查阅资料，列举目前工业中常用的工业机器人离线仿真软件。

（2）如何区分 RobotStudio 软件的基本版和高级版？

（3）如何正确实施 RobotStudio 软件授权操作？

【学习记录】

<table>
<tr><td colspan="6" align="center">学习记录单</td></tr>
<tr><td>姓名</td><td></td><td>学号</td><td></td><td>日期</td><td></td></tr>
<tr><td colspan="6">学习项目：</td></tr>
<tr><td colspan="4">任务：</td><td colspan="2">指导老师：</td></tr>
<tr><td colspan="6" height="800"></td></tr>
</table>

【考核评价】

"任务 1.2 RobotStudio 软件的下载安装及授权" 考核表

姓名		学号			日期	年　月　日	
类别	项目	考核内容		得分	总分	评分标准	签名
理论	知识准备（100分）	简述 RobotStudio 软件安装步骤及注意事项（30分）				根据完成情况和质量打分	
		描述 RobotStudio 软件基本版和高级版的区别（40分）					
		简述 RobotStudio 软件授权的操作步骤（30分）					
实操	技能要求（50分）	能熟练下载 RobotStudio 软件				1. 能完成该任务的所有技能项，得满分；2. 能正确安装但未授权扣一半分；3. 能下载但不能正确安装得10分	
		能正确安装 RobotStudio 软件					
		能按照要求完成 RobotStudio 软件授权					
	任务完成情况	完成□/未完成□					
	完成质量（40分）	工艺及熟练程度（20分）				1. 任务"未完成"，此项不得分；2. 任务"完成"，根据完成情况打分	
		工作进度及效率（20分）					
	职业素养（10分）	安全操作、团队协作、职业规范、强国责任等				1. 未发生操作安全事故；2. 未发生人身安全事故；3. 符合职业操作规范；4. 具有团队意识	
评分说明							
备注	1. 该考核表原则上不能出现涂改现象，否则必须在涂改处签名确认；2. 该考核表作为学生学习过程考核的标准						

【学习总结】

1

任务 1.3 认识 RobotStudio 软件操作界面

【知识储备】

一、RobotStudio 软件操作界面

RobotStudio 软件安装并授权完成后，双击图标 （注意：安装完成后有 64 位和 32 位两个图标，这里双击的是 64 位图标），打开 RobotStudio 软件，如图 1.3.1 所示。

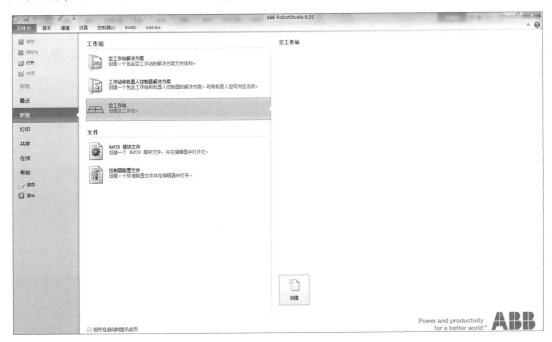

图 1.3.1 打开 RobotStudio 软件

单击"空工作站"→"创建"按钮，进入 RobotStudio 软件空工作站界面，其主要由标题栏、菜单栏、项目列表窗口、输出窗口、视图窗口等构成，如图 1.3.2 所示。

菜单栏各部分的功能如下。

（1）"文件"选项卡，包括打开新文件、创建新工作站、打印、共享、在线、附加功能选项、打包和解压工作站文件、工作站另存为等功能，如图 1.3.1 所示。

（2）"基本"选项卡，包括建立系统工作站、创建编程路径、设置工具和工件坐标系、Freehand 操作、同步工业机器人程序等功能，如图 1.3.3 所示。

（3）"建模"选项卡，包括创建和分组工作站组件、创建实体、测量功能以及其他 CAD 操作所需的控件，不同机械装置的创建模块等，如图 1.3.4 所示。

（4）"仿真"选项卡，包括创建、控制、监控和记录仿真所需的空间等功能，如图 1.3.5 所示。

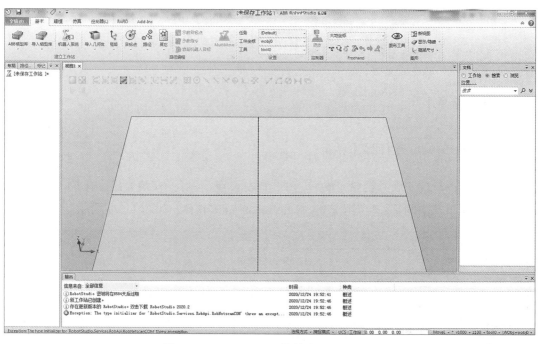

图 1.3.2　RobotStudio 软件空工作站界面

图 1.3.3　"基本"选项卡

图 1.3.4　"建模"选项卡

图 1.3.5　"仿真"选项卡

（5）"控制器"选项卡，包括用于同步虚拟控制器（VC）、配置和分配给它的任务控制措施等功能，还包括用于管理真实控制器的控制功能，如图 1.3.6 所示。

（6）"RAPID"选项，包括 RAPID 编辑器的功能、RAPID 文件的管理功能以及用于RAPID 编程的其他控件，如图 1.3.7 所示。

（7）"Add-Ins"选项卡，包含 PowerPacs 和 VSTA 的相关控件，如图 1.3.8 所示。

图 1.3.6　"控制器"选项卡

图 1.3.7　"RAPID"选项卡

图 1.3.8　"Add-Ins"选项卡

二、默认初始操作界面的恢复

作为初学者，刚开始操作 RobotStudio 时，常常会遇到图 1.3.9 所示窗口中常用的"布局""输出信息"等功能被意外关闭的情况，导致无法查看和使用相关功能。

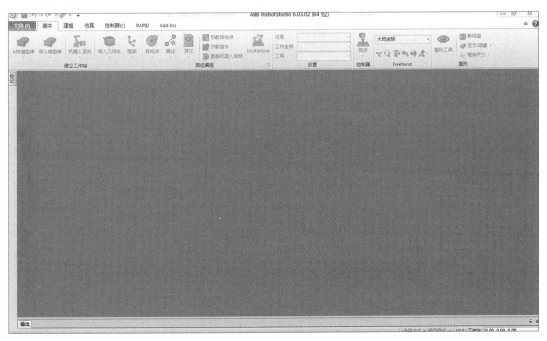

图 1.3.9　非默认初始操作界面

可进行如下操作恢复默认初始操作界面。如图 1.3.10 所示，单击此下拉按钮，选择

"默认布局"选项便可以恢复窗口的布局，也可以选择"窗口"选项，在级联菜单中勾选需要的窗口。

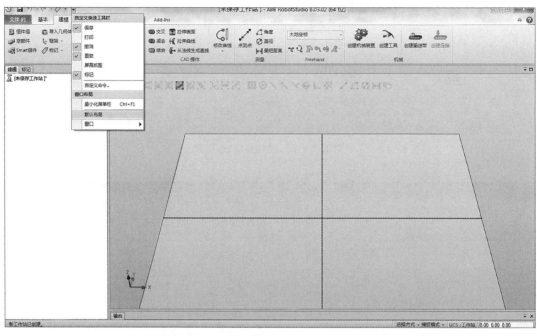

图 1.3.10　恢复默认初始操作界面

【学习检测】

（1）列举 RobotStudio 软件操作界面中的选项卡。

（2）如何有选择性地恢复操作界面布局（窗口布局）？

【学习记录】

学习记录单					
姓名		学号		日期	
学习项目：					
任务：				指导老师：	

【考核评价】

"任务 1.3 认识 RobotStudio 软件操作界面"考核表

姓名		学号			日期	年　月　日	
类别	项目	考核内容	得分	总分	评分标准		签名
理论	知识准备（100分）	RobotStudio 软件操作界面由哪几部分组成？（40分）			根据完成情况和质量打分		
		简述恢复默认初始操作界面的操作过程（20分）					
		说明操作界面各部分的功能（40分）					
实操	技能要求（50分）	能快速说明 RobotStudio 软件的组成			1. 能完成该任务的所有技能项，得满分；2. 只能完成该任务的一部分技能项，根据情况扣分；3. 不能正确操作则不得分		
		能快速恢复 RobotStudio 软件的默认初始操作界面					
		能熟练地指出 RobotStudio 软件操作界面各部分的功能					
	任务完成情况	完成□/未完成□					
	完成质量（40分）	工艺及熟练程度（20分）			1. 任务"未完成"，此项不得分；2. 任务"完成"，根据完成情况打分		
		工作进度及效率（20分）					
	职业素养（10分）	安全操作、团队协作、职业规范、强国责任等			1. 未发生操作安全事故；2. 未发生人身安全事故；3. 符合职业操作规范；4. 具有团队意识		
评分说明							
备注	1. 该考核表原则上不能出现涂改现象，否则必须在涂改处签名确认；2. 该考核表作为学生学习过程考核的标准						

项目一　认识工业机器人离线仿真技术

【学习总结】

_____

_____

_____

_____

_____

项目描述

　　为客户做预案时，需要提前和客户沟通了解设备安装的场地形状及尺寸、产品的生产节拍及工艺、产品本身的尺寸和形状等信息，以便在RobotStudio软件中建立和导入与实际生产完全一致的设备模型，并规划各设备间的布局。本项目要求学习者在RobotStudio软件中能选用合适型号的工业机器人并综合考虑其工作范围及负载等要求，在保证安全、工作效率和美观的前提下，合理布局系统工作站，样例如图2.0.1所示。本项目的学习能提高资源优化配置的能力，促进节约优先，更能加强基础研究和设计能力，突出原创，鼓励自由探索，学好本项目是安全高效生产的重要保证。

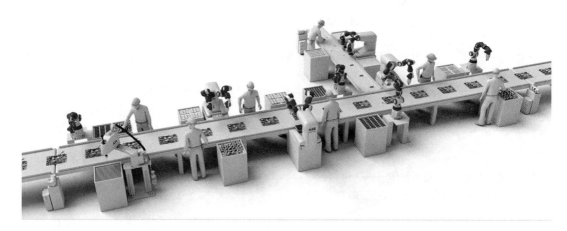

图 2.0.1　系统工作站布局样例

学习说明

　　工业机器人基本工作站一般由工业机器人、工具、周边设备等组成。本项目需要在RobotStudio软件中导入工业机器人、工具和周边设备模型，按照场地分布等要求布局工作站。学习者应能建立虚拟的工业机器人系统，正确规划工业机器人工作路径并实施工作点位的手动示教，使工业机器人在保证各关节配置合理的前提下，工具的TCP能沿着简单轨迹仿真运行，并将运行结果保存为不同文件。本项目的思维导图如图2.0.2所示。

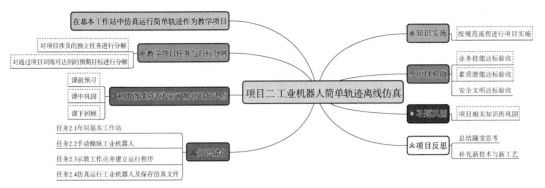

图 2.0.2 项目二的思维导图

教学目标

知识目标：

（1）学会工业机器人工作站的基本布局方法；

（2）学会加载工业机器人及周边设备模型；

（3）掌握工业机器人常用的坐标系并学会工件坐标系的原理；

（4）学会利用仿真功能手动操纵工业机器人；

（5）学会仿真工业机器人运动轨迹；

（6）学会录制视频和制作独立播放的 EXE 文件。

能力目标：

（1）能够合理布局工业机器人工作站并创建虚拟系统；

（2）能够创建仿真用工件坐标系；

（3）能够合理规划简单的工作轨迹点信息；

（4）能编写简单的轨迹运行程序；

（5）能够建立简单的轨迹运行程序并合理配置各关节姿态；

（6）能够按照要求录制视频文件和保存 EXE 文件。

素质目标：

（1）具有质量意识、环保意识、安全意识、信息素养、工匠精神、创新思维；

（2）勇于奋斗、乐观向上，具有自我管理能力和较强的团队合作精神；

（3）具有一定的审美和人文素养。

视频资源

与本项目相关的视频资源如表 2.0.1 所示。

表 2.0.1　项目二视频资源列表

序号	任务	资源名称	二维码	序号	任务	资源名称	二维码
1	布局基本工作站	布局工业机器人基本工作站	二维码 1	2	手动操纵工业机器人	建立工业机器人系统与手动操纵	二维码 5
		导入模型与变更属性	二维码 2	3	示教工作点并建立运行程序	创建工业机器人工件坐标系与轨迹程序	二维码 6
		拓展任务 框架法模型定位	二维码 3			**拓展讲解** 工件坐标系优势讲解	二维码 7
		拓展任务 三点法模型定位	二维码 4	4	仿真运行工业机器人及仿真保存文件	仿真运行工业机器人及录制视频	二维码 8
						结果演示 简单轨迹运行结果	二维码 9

二维码 1　　　　二维码 2　　　　二维码 3　　　　二维码 4　　　　二维码 5

二维码 6　　　　二维码 7　　　　二维码 8　　　　二维码 9

项目实施

本项目的具体完成过程是：学生组内讨论并填写讨论记录单→根据学习的能力储备内容完成本项目→学生代表发言，汇报项目实施过程中遇到的问题→评价→学生对项目进行总结反思→巩固训练→师生共同归纳总结。

对学生进行分组实施，本项目实施的具体任务如下。

（1）布局工业机器人基本工作站；

（2）建立工业机器人系统与手动操纵工业机器人；

（3）创建工业机器人工件坐标系与轨迹程序；

（4）仿真运行工业机器人并录制视频。

操作步骤如下。

（1）导入工作台模型；

（2）导入符合工作要求的工业机器人和工具；

（3）布局该项目中的工业机器人工作站；

（4）创建工件坐标系并设定运动指令及其相关参数；

（5）规划工业机器人工作轨迹点并分别示教，再生成运动指令；

（6）调整工业机器人工作姿态；

（7）仿真运行程序；

（8）保存和录制可视化结果。

项目验收

对项目二各项任务的完成结果进行验收、评分，对合格的任务进行接收。本项目学生的成绩主要从项目课前学习资料查阅报告完成情况（10%）、操作评分表（70%）（表2.0.2）、平时表现（10%）和职业及安全操作规范（10%）等4个方面进行考核。

表2.0.2　操作评分表

任务	技术要求	分值	评分细则	自评分	备注
工作站的合理布局	能正确导入RobotStudio软件自带模型并调整工业机器人与周边设备模型的合理布局	10	（1）导入工业机器人、工具及工作台；（2）查看工业机器人范围，并合理布局工业机器人工作站		
建立工业机器人系统并完成手动操纵	完成工业机器人系统的建立，熟练使用3种手动模式操纵工业机器人，能精确实施关节和线性操纵	10	（1）理解流程；（2）熟练操作		
工业机器人运动轨迹程序	熟练完成工件坐标系的建立、路径创建、指令示教、同步及仿真操作	40	（1）正确编写程序和调整工业机器人姿态；（2）规范仿真演示运行结果		
录制工业机器人仿真文件	（1）录制视频；（2）制作EXE文件	10	录制视频，制作EXE文件，并播放演示		
安全操作	符合上机实训操作要求	15	违反安全规范操作视情况扣5~10分		
职业素养	具有爱国情怀和创新意识	15	口头汇报工业机器人对制造强国战略的实际意义		

项目工单

在项目实施环节，学习者需要按照表2.0.3所示学习工作单的栏目做好记录和说明，作为对项目二实施过程的记录，并为下一项目的交接和实施提供依据。

表 2.0.3　"项目二 工业机器人简单轨迹离线仿真"学习工作单

姓名		班组		日期	年　　月　　日
准备情况	项目所要求的工作站布局：				需说明的情况：
	工业机器人手动操纵方式：				
	工业机器人坐标系类型、创建工件坐标系的方法：				
	工业机器人常用的运动指令及其参数：				
	工业机器人运行程序的仿真运行：				
	仿真文件的保存方法：				
实施说明	导入各模型：	布局工作站：	创建系统：	手动操纵：	需说明的情况：
	创建工件坐标系：				
	规划轨迹点并创建运行程序：				
	仿真程序运行并保存可视化仿真文件：				
	已导入模型并合理安排工作站布局			□是　□否	
	已建立工业机器人系统并熟练地进行手动操纵			□是　□否	
	已创建工件坐标系和工业机器人基本轨迹程序			□是　□否	
完成情况	已离线仿真运行工业机器人，保存可视化仿真文件			□是　□否	
备注					

任务 2.1　布局基本工作站

【知识储备】

一、工作站模型的导入

工业机器人基本工作站包含工业机器人、工具和工作对象。本任务在知识储备中，以

图 2.1.1 所示为例学习如何布局基本工作站。

1. 导入工业机器人

在"文件"选项卡中，选择"新建"→"空工作站"选项，单击"创建"按钮，新建一个工作站，如图 2.1.2 所示，并进入空工作站的界面。

在"基本"选项卡中，打开"ABB 模型库"，选择"IRB2600"机器人，如图 2.1.3 所示，但在实际应用中，要根据承载能力、工作环境、工作对象等项目要求，选定具体的工业机器人型号、承载能力及到达的距离。

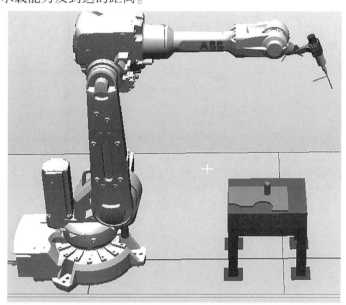

图 2.1.1　基本工作站

图 2.1.2　新建空工作站

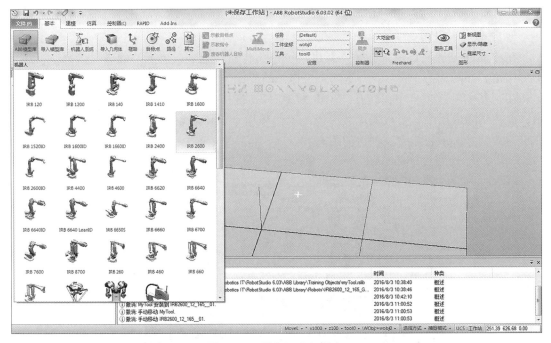

图 2.1.3　导入工业机器人

在弹出的图 2.1.4 所示对话框中，可查看该工业机器人的承载能力、臂展等参数，然后单击"确定"按钮，这样即可导入所需要的工业机器人至视图窗口。

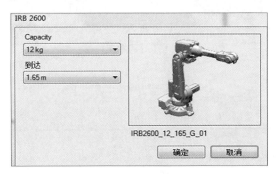

图 2.1.4　工业机器人参数

2. 加载工业机器人的工具

在 RobotStudio 软件中，已创建了一些工业机器人的工具，为了方便，这里直接导入名称为"MyTool"的工具。在"基本"选项卡中，选择"导入模型库"→"设备"→"myTool"选项，如图 2.1.5 所示。

图 2.1.6 所示为已导入视图窗口的工业机器人和工具，根据使用要求，需要将工具安装到工业机器人六轴法兰盘位置。在左侧列表中，单击"MyTool"并按住拖动至上方的"IRB2600_12_165_01"后松开鼠标左键，在弹出的对话框中单击"是"按钮，如图 2.1.7 所示。

这样，可看到"MyTool"的工具已安装到工业机器人六轴法兰盘了，如图 2.1.8 所示。

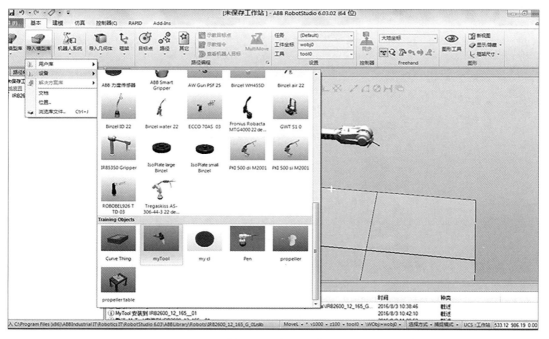

图 2.1.5　导入工具

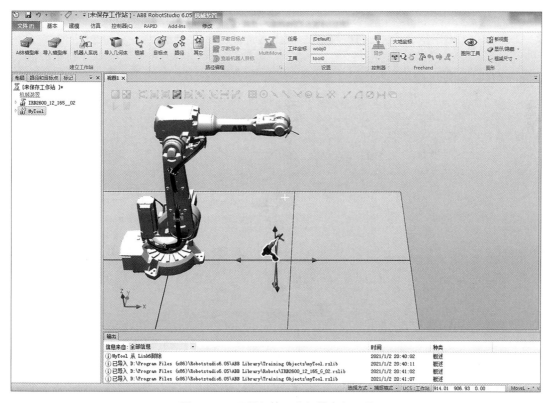

图 2.1.6　已导入的工业机器人和工具

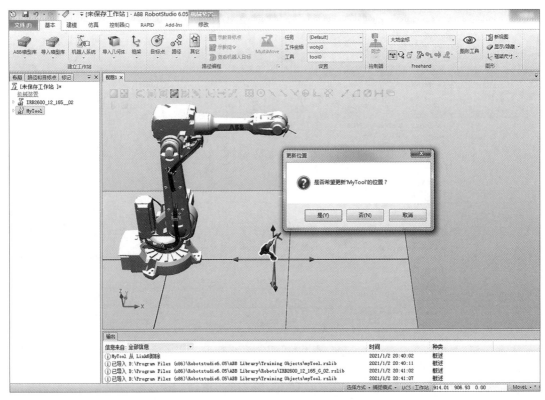

图 2.1.7　安装工具至工业机器人六轴法兰盘

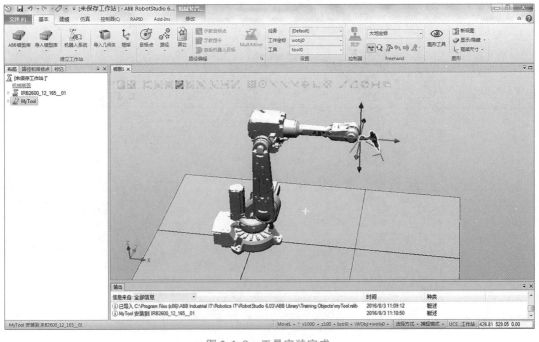

图 2.1.8　工具安装完成

如果想将工具从工业机器人六轴法兰盘上拆下，则可以在"MyTool"上单击鼠标右键，选择"拆除"命令，如图 2.1.9 所示。

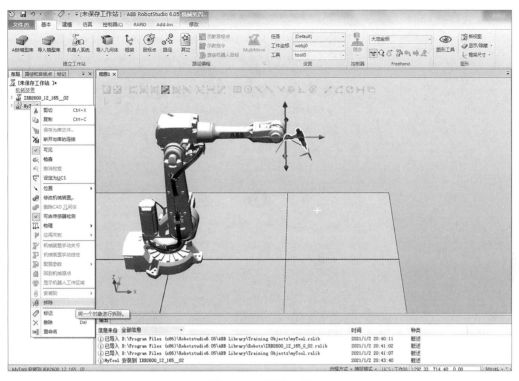

图 2.1.9　拆除工具

3. 导入工作台

在基本工作站中，需要安放一个工作台，这里也直接导入 RobotStudio 软件内已创建的工作台模型。在"基本"选项卡中，选择"导入模型库"→"设备"→"propeller table"模型，如图 2.1.10（a）所示。如需要添加由第三方软件创建的模型，可选择"导入几何体"→"浏览几何体"命令，找到存放模型的路径，导入相应的文件，如图 2.1.10（b）所示。

二、布局工业机器人工作站

根据场地要求能合理化地布局各设备，是离线仿真技术的首要技能。以推动绿色化发展为己任，实现各设备间的优化配置，可较好地在节约资源的基础上满足高效生产。

1. 查看工业机器人工作区域

在实际工作中，工作台需要保证能放置在工业机器人工作区域内，可通过查看工作区域的方法查看工作台是否符合范围要求。选中左侧列表中的工业机器人名称，并单击鼠标右键，选择"显示机器人工作区域"命令，如图 2.1.11 所示。

图 2.1.12 中"2D 轮廓"显示的白色区域为工业机器人可到达的范围，也可选择"3D 体积"方式，立体化查看工业机器人的工作范围。可通过查看图示显示，将工作台调整到工业机器人的最佳工作范围，这样才可以方便地规划工业机器人运行轨迹，提高生产效率，满足生产节拍。

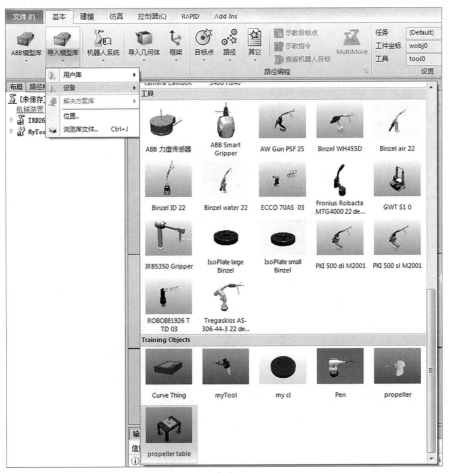

（a）

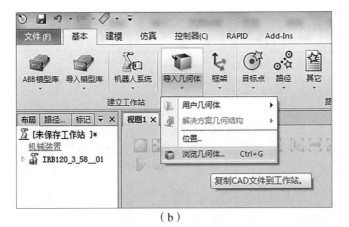

（b）

图 2.1.10 导入工作台

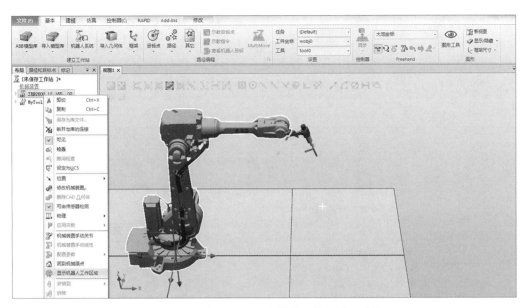

图 2.1.11 打开"显示机器人工作区域"功能

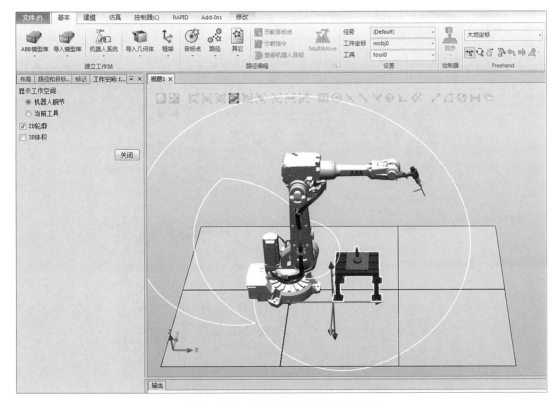

图 2.1.12 工业机器人工作区域显示

2. 移动工作台

使用键盘和鼠标的组合，可调整工作站视图（平移：Ctrl+鼠标左键；缩放：滚动鼠标

中间的滚轮；视角：Ctrl + Shift + 鼠标左键）。也可以利用工具栏移动单个模型，在
"Freehand"工具栏中，选择"大地坐标"选项并单击"移动"按钮，在左侧列表中，单击
"Table"名称，可在视图中看到工作台上出现了一个三维直角坐标系和绕 3 个坐标轴旋转
的坐标系，此时，可按照 3 个坐标轴的方向拖动和旋转工作台至合适的位置，如图 2.1.13
所示。

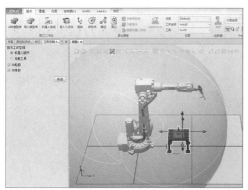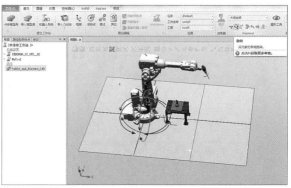

图 2.1.13　移动和旋转工作台

　　如果在原位置上沿着坐标轴方向偏移一定的距离，可以在左侧模型名称上单击鼠标右键，
按照图 2.1.14 所示选择"位置"→"偏移位置"选项，在弹出的图 2.1.15 所示的对话框中，
在 X、Y、Z 轴的输入框中输入相应的偏移量即可。也可以选择"位置"→"设定位置"命令，
在输入框中输入所需要设定位置的坐标值，直接将模型设定到该位置点，如图 2.1.16 所示。

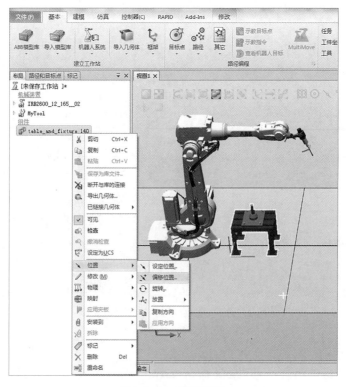

图 2.1.14　偏移位置

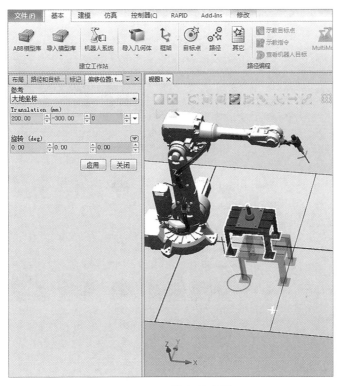

图 2.1.15　输入偏移量

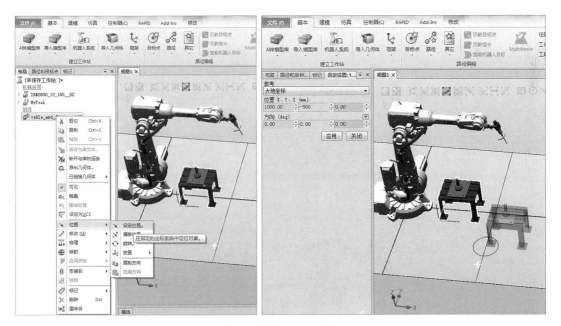

图 2.1.16　设定位置

　　在"基本"选项卡中，选择"导入模型库"→"设备"→"Curve Thing"选项进行模型导入，如图 2.1.17 所示。

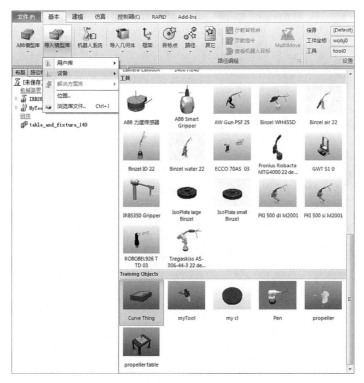

图 2.1.17　导入模型

3. 放置工作模型

在 RobotStudio 软件中将导入的模型放置到工作台上。在工作站布局中，可采用一个点、两个点、三个点、框架和两个框架的方法放置工作站模型，需要根据所放置模型和待放置位置的关系选用相应的放置方法。本任务选用两个点即可将"Curve Thing"放置到"Table"工作台上。在左侧列表的"Curve Thing"上单击鼠标右键，选择"放置"→"两点"选项，如图 2.1.18 所示。

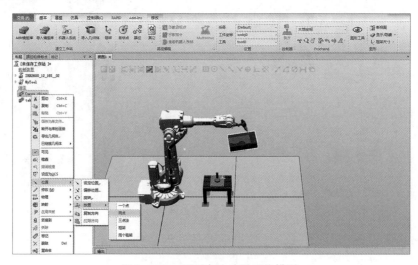

图 2.1.18　用两点法放置工作模型

选中视图上方捕捉工具的"选择部件"和"捕捉末端"工具，并在左侧放置窗口中，单击"主点-从"的第一个输入框，如图 2.1.19 所示。

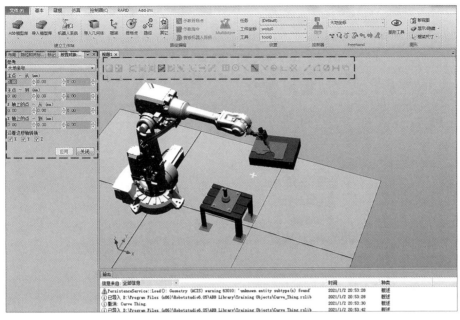

图 2.1.19 选择放置第一个点

依次按照选择点的顺序单击两个物体对齐的基准点，要求"主点-从"和"主点-到"对齐；"X 轴的点-从"和"X 轴的点-到"对齐。单击各点后，其坐标值已自动显示在输入框中，最后单击"应用"按钮，如图 2.1.20 所示。

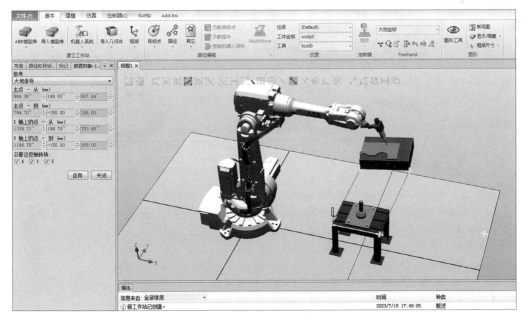

图 2.1.20 选择放置点

可看到该对象已准确对齐放置到工作台上，如图 2.1.21 所示。

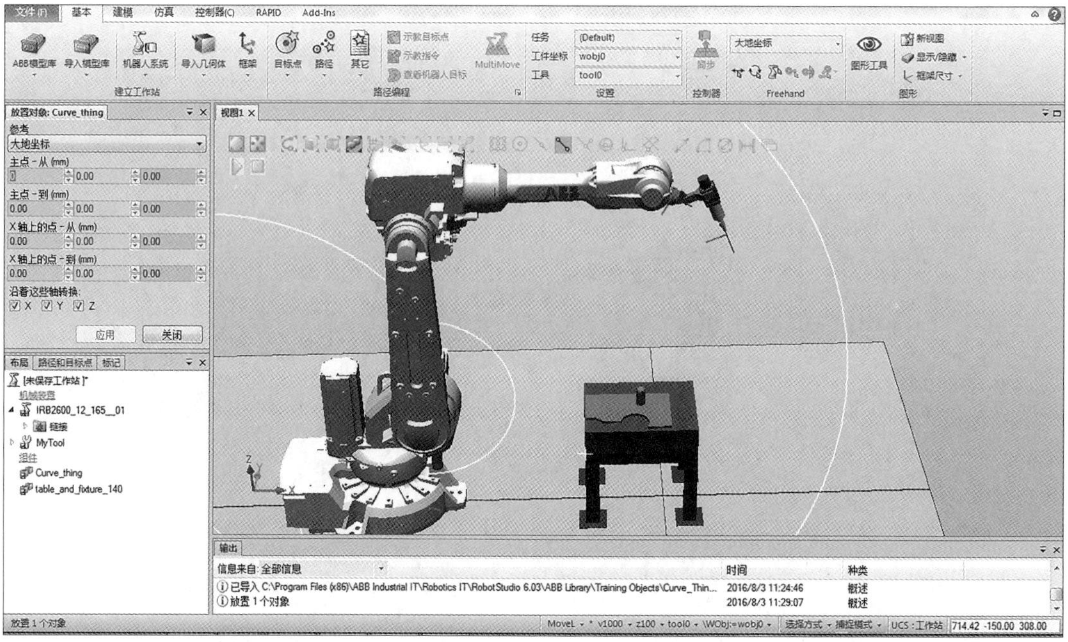

图 2.1.21　放置完毕

拓展训练任务：按照图 2.1.22 中右边的图例，将左边的图例中的 4 块扇形板和 2 块正方形小板分别装配到相应的放置槽中。

图 2.1.22　拓展训练任务图示

【学习检测】

（1）如何导入 RobotStudio 软件自带模型至视图窗口？

（2）如何导入第三方软件创建的模型至 RobotStudio 软件视图窗口？

（3）放置模型的方法有哪些？

（4）有几种效果可显示工业机器人工作区域？

（5）如何将工具模型安装到工业机器人六轴法兰盘上？

（6）参照本任务的知识储备，构建完成本项目要求的工业机器人工作站。

【学习记录】

学习记录单					
姓名		学号		日期	
学习项目：					
任务：				指导老师：	

【考核评价】

"任务2.1 布局基本工作站"考核表

姓名		学号			日期	年　月　日	
类别	项目	考核内容		得分	总分	评分标准	签名
理论	知识准备（100分）	简述导入模型至 RobotStudio 软件的操作过程（20分）				根据完成情况和质量打分	
		放置模型有哪几种方法？（40分）					
		工业机器人工作站包含哪些内容？（30分）					
		说明采用什么方法可以移动和旋转工作站模型（10分）					
实操	技能要求（50分）	能熟练导入 RobotStudio 软件自带模型和其他模型				1. 能完成该任务的所有技能项，得满分； 2. 只能完成该任务的一部分技能项，根据情况扣分； 3. 不能正确操作则不得分	
		能熟练地放置和移动工作站模型					
		能正确查看工业机器人工作范围并保证布局符合实际生产要求					
		能正确安装工具至工业机器人六轴法兰盘					
	任务完成情况	完成□/未完成□					
	完成质量（40分）	工艺及熟练程度（20分）				1. 任务"未完成"，此项不得分； 2. 任务"完成"，根据完成情况打分	
		工作进度及效率（20分）					
	职业素养（10分）	安全操作、团队协作、职业规范、强国责任等				1. 未发生操作安全事故； 2. 未发生人身安全事故； 3. 符合职业操作规范； 4. 具有团队意识	
评分说明							
备注	1. 该考核表原则上不能出现涂改现象，否则必须在涂改处签名确认； 2. 该考核表作为学生学习过程考核的标准						

【学习总结】

任务 2.2 手动操纵工业机器人

【知识储备】

一、创建工业机器人虚拟系统

在实际生产中，控制柜是工业机器人的大脑和存储工作信息的重要部分，工业机器人示教编程和工作离不开系统的执行，因此，在完成了工作站布局后，需要为工业机器人创建虚拟系统，并建立虚拟控制器，使其具有电气的特性以完成相关的仿真操作。

在"基本"选项卡中，选择"机器人系统"→"从布局…"选项，如图 2.2.1 所示。

设定好系统名称与保存的位置（这里需要注意的是保存路径不能出现汉字且操作系统名称同样不能出现汉字）后，持续单击"下一个"按钮，直到弹出的对话框中有"选项"按钮，如图 2.2.2 所示。

单击"选项"按钮，设置语言为"Chinese"，设置工业网络为"709 - 1 DeviceNet Master/Slave"等，单击"完成"按钮，如图 2.2.3 所示。

等待一段时间后，系统创建完成，在操作界面右下角显示"控制器状态"应为绿色，并显示为"1/1"，代表工业机器人系统创建完成，如图 2.2.4 所示。

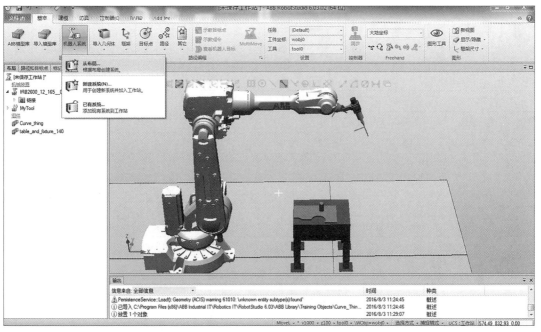

图 2.2.1　创建工业机器人系统

图 2.2.2　创建工业机器人系统的其他界面

图 2.2.3　工业机器人系统创建选项设置

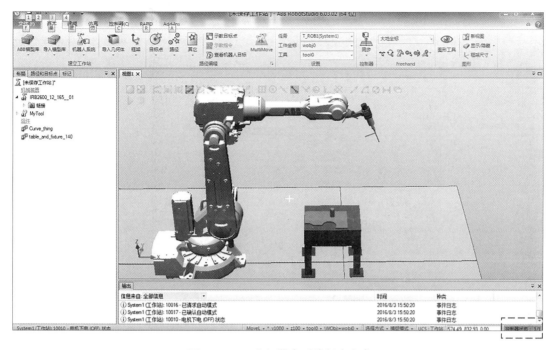

图 2.2.4 工业机器人系统创建完成

如果在创建工业机器人系统后，发现工业机器人的摆放位置不合适，还需要进行调整，就要在移动完工业机器人的位置后重新确定工业机器人在整个工作站中的坐标。在"Freehand"工具栏中根据需要单击"移动"或"旋转"按钮，拖动工业机器人到新的位置，如图 2.2.5 所示。

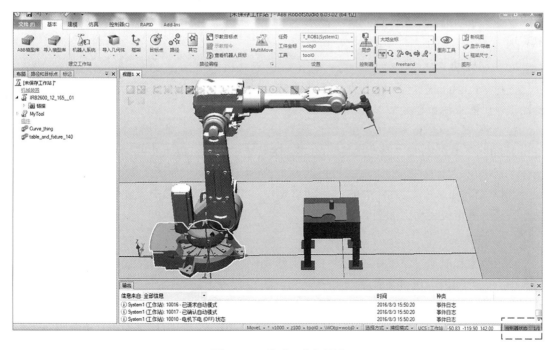

图 2.2.5 移动工业机器人

移动完成后，单击"Yes"按钮，如图 2.2.6 所示。

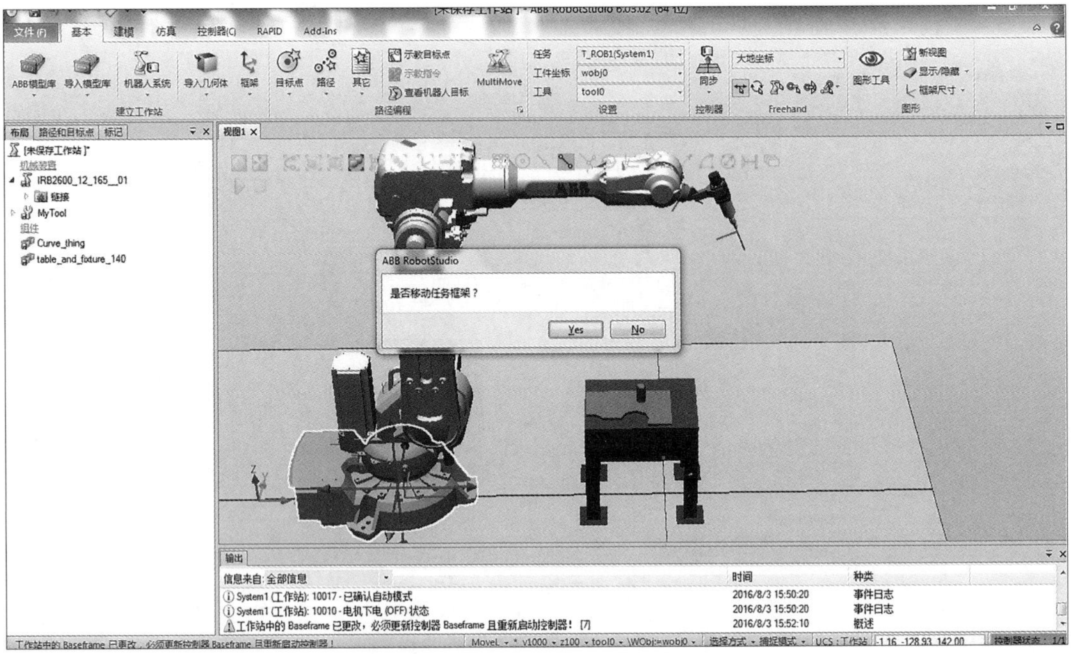

图 2.2.6　完成移动工业机器人

二、工业机器人的手动操纵

工业机器人系统创建完成后，即可以手动操纵方式移动工业机器人。手动操纵方式共有 3 种：手动关节、手动线性和手动重定位。可以通过手动拖动和精确操纵两种控制方式来实现。

1. 手动拖动

选择"Freehand"工具栏中的"手动关节"功能，如图 2.2.7 所示，此时可手动单独移动工业机器人的每个关节。

在"设置"工具栏中，在"工具"下拉列表中选择"MyTool"选项，选择"Freehand"工具栏中的"手动线性"功能，然后选中工业机器人工具，可看到此时的工具坐标系定位在"MyTool"的末端，可拖动箭头进行线性运动，如图 2.2.8 所示。

选择"Freehand"工具栏中的"手动重定位"功能，然后选中工业机器人工具，可拖动箭头进行重定位运动，如图 2.2.9 所示。

2. 精确操纵

在示教编程时通过精确操纵，使工业机器人保持合理的姿态，精确到达工作点位。在仿真中，也可利用"机械装置手动关节"和"机械装置手动线性"选项，精确调整工业机器人各关节或工具 TCP 的姿态和位置。在"设置"工具栏的"工具"下拉列表中选择"MyTool"选项，在左侧列表中的"IRB2600_12_165_01"上单击鼠标右键，在快捷菜单中选择"机械装置手动关节"选项，如图 2.2.10 所示。

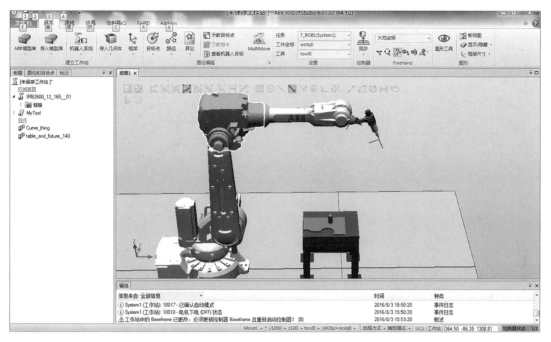

图 2.2.7　手动关节

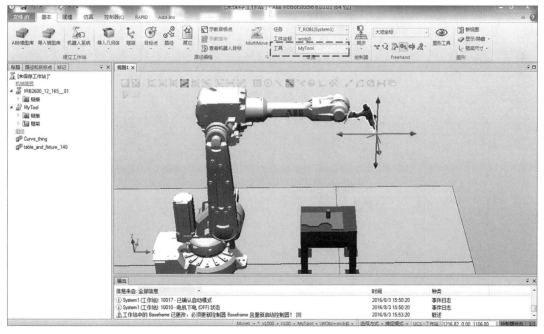

图 2.2.8　手动线性

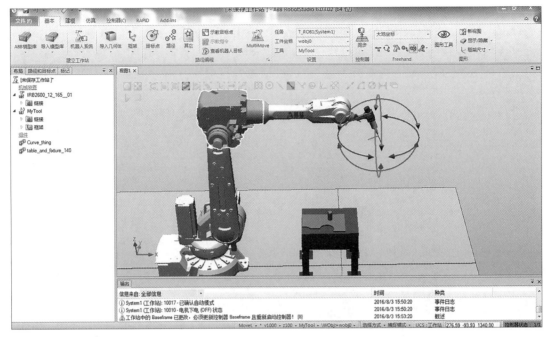

图 2.2.9　手动重定位

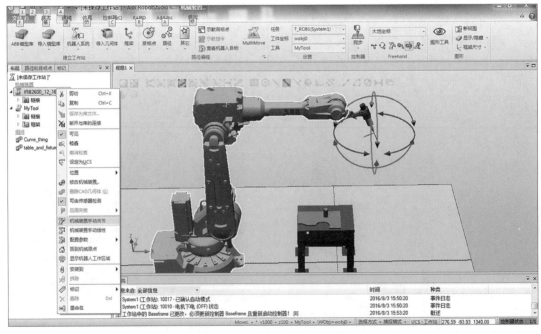

图 2.2.10　机械装置手动关节

在左上角出现的对话框中，拖动各滑块实现相应关节轴运动；也可单击右侧两个方向的箭头按钮调整关节轴位置，在下方的"Step"框中设定每次点动可变化的角度，确定精确粗调或微调；还可在滑块上直接输入角度值，直接将相应的关节轴调整到该位置，如图 2.2.11 所示。

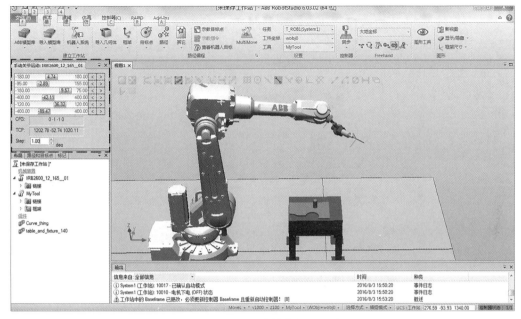

图 2.2.11　手动关节数据设置

同样，在"IRB2600_12_165_01"上单击鼠标右键，在快捷菜单中选择"机械装置手动线性"选项，如图 2.2.12 所示，可精确设置手动线性的位置。

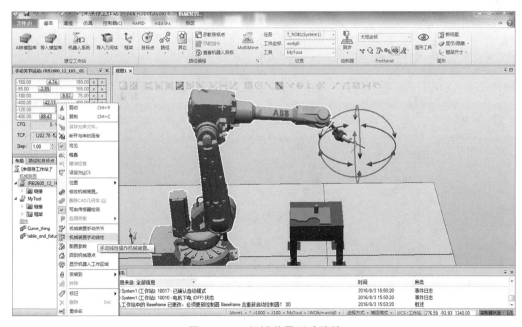

图 2.2.12　机械装置手动线性

可通过直接输入坐标值使工业机器人工具 TCP 到达位置。在下方的"Step"框中设定单步点动的数据，使每单击一次右侧两个方向的箭头时，移动相应的距离，如图 2.2.13 所示。

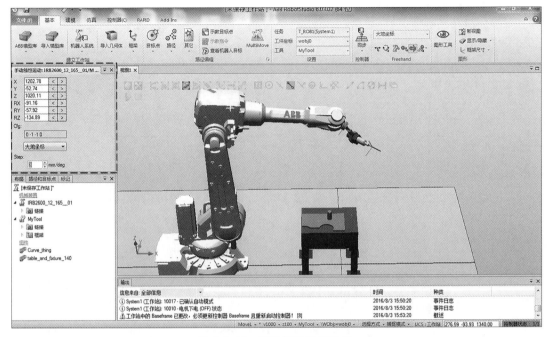

图 2.2.13　手动线性数据设置

同样，可通过一步操作，使工业机器人各关节回到机械原点位置。在"IRB2600_12_165_01"上单击鼠标右键，在快捷菜单中选择"回到机械原点"命令，可在视图窗口中看到工业机器人各关节回到默认的机械原点位置，此时轴 5 会在 30°的位置，如图 2.2.14 所示。

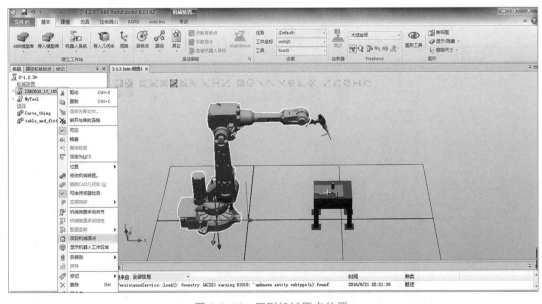

图 2.2.14　回到机械原点位置

【学习检测】

（1）创建工业机器人系统的步骤和注意事项有哪些？

（2）工业机器人的手动操纵有几种方式？分别说明其操纵结果的区别。

（3）如何快速使工业机器人回到机械原点位置？

（4）学会使用精确手动操纵方法，完成对工业机器人姿态或位置的修正。

【学习记录】

学习记录单					
姓名		学号		日期	
学习项目：					
任务：			指导老师：		

【考核评价】

"任务2.2 手动操纵工业机器人"考核表

姓名		学号		日期	年　月　日		
类别	项目	考核内容	得分	总分	评分标准		签名
理论	知识准备（100分）	创建工业机器人系统需要注意哪些问题（20分）			根据完成情况和质量打分		
		工业机器人的手动操纵有哪几种方式？分别说明其区别（30分）					
		说明选用不同精确手动操纵方法时，需要调节哪些参数（40分）					
		如何快速使工业机器人回到机械原点位置？（10分）					

续表

类别	项目	考核内容	得分	总分	评分标准	签名
实操	技能要求（50分）	能熟练创建工业机器人系统			1. 能完成该任务的所有技能项，得满分； 2. 只能完成该任务的一部分技能项，根据情况扣分； 3. 不能正确操作则不得分	
		能通过手动操纵方式改变工业机器人的姿态和工作点位置				
		能快速使工业机器人回到机械原点位置				
		能熟练使用精确手动操纵方法				
	任务完成情况	完成□/未完成□				
	完成质量（40分）	工艺及熟练程度（20分）			1. 任务"未完成"，此项不得分； 2. 任务"完成"，根据完成情况打分	
		工作进度及效率（20分）				
	职业素养（10分）	安全操作、团队协作、职业规范、强国责任等			1. 未发生操作安全事故； 2. 未发生人身安全事故； 3. 符合职业操作规范； 4. 具有团队意识	
评分说明						
备注	1. 该考核表原则上不能出现涂改现象，否则必须在涂改处签名确认； 2. 该考核表作为学生学习过程考核的标准					

【学习总结】

_____

_____

_____

_____

_____

_____

_____

_____

_____

_____

_____

_____

任务 2.3 示教工作点并建立运行程序

【知识储备】

一、创建工件坐标系

1. 工业机器人坐标系

工业机器人的运动实质是根据不同的作业内容、轨迹要求，在各种坐标系下的运动，换句话说，对工业机器人进行示教或手动操纵时，其运动方式是在不同坐标系下进行的。在 ABB 工业机器人中有大地坐标系、基坐标系、工具坐标系、工件坐标系等。

1）大地坐标系

大地坐标系在工作单元或工作站中的固定位置有其相应的原点，这有助于处理若干个工业机器人或由外轴移动的工业机器人，可定义工业机器人单元，所有其他坐标系均与大地坐标系直接或间接相关。它适用于微动控制、一般移动以及处理具有若干工业机器人或外轴移动工业机器人的工作站和工作单元。它一般用于一条生产线中有多个工业机器人的情况。在默认情况下，大地坐标系与基坐标系是一致的，如图 2.3.1 所示。

2）基坐标系

基坐标系固定于工业机器人基座，是工业机器人的原点，是大地坐标系的参考点。在基坐标系中，不管工业机器人处于什么位置，TCP 均可沿基坐标系的 X 轴、Y 轴、Z 轴平行移动，它是最便于工业机器人从一个位置移动到另一个位置的坐标系。基坐标系一般用于单个工业机器人的线性运动，如图 2.3.2 所示。

图 2.3.1 大地坐标系

图 2.3.2 基坐标系

3）工具坐标系

工具坐标系是一个可自由定义、由用户定制的坐标系，它将工具的中心点设为零点位置，即工具中心点为其 TCP，并由此定义工具的位置和方向，即 TCP 和 Z、X，采用四点法变换工业机器人的 4 种不同姿态进行校准，以保证在工具坐标系下，TCP 能够精确定位和按照要求工作。由于工具本身有一定质量，所以还需要设定工具实际的质量（kg）、中心位置及转动惯量等信息，保证所建立的工具坐标系与实际一致，以防止超出工业机器人的工

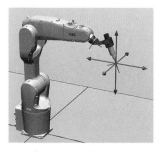

图 2.3.3　工具坐标系

作负载能力，做到安全精细化生产。工业机器人在六轴中心点已预定义 Tool0 工具坐标系，这样可将一个或多个新的工具坐标系定义为 Tool0 的偏移值，如图 2.3.3 所示。

4）工件坐标系

工件坐标系是拥有特定附加属性的坐标系，它是一个可自由定义、由用户定制的坐标系，一般用于在工件相对大地坐标系摆放任意姿态时，定义工件相对大地坐标系的位置。在工件大小、姿态一致的情况下，可实现不同工件坐标系下工作点位的相互复制，以降低时间成本，减少示教编程带来的重复性工作，提高生产应用效率。工业机器人可拥有若干工件坐标系来表示不同的工件，或表示同一工件在不同位置的若干副本。工件坐标系可用三点法进行定义。工件坐标系有两个框架——用户框架（与大地基座相关）和工件框架（与用户框架相关），如图 2.3.4 所示。

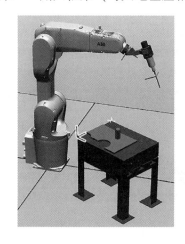

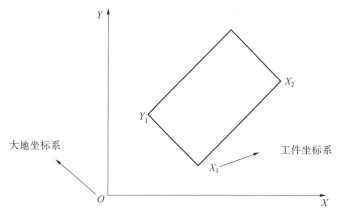

图 2.3.4　工件坐标系

2. 建立仿真工件坐标系

在实际生产中，使工业机器人以工作对象为参照沿着 X、Y、Z 方向运动，更具有灵活性和可操作性。在 RobotStudio 软件中同样用三点法（即 X_1、X_2、Y_2）可建立仿真用工件坐标系。

在"基本"选项卡中，选择"其它"→"创建工件坐标"命令，如图 2.3.5 所示。

单击上方"选择表面"和"捕捉末端"工具；在弹出的对话框中，设定工件坐标系名称为"Wobj1"，单击"用户坐标框架"→"取点创建框架"下拉箭头，如图 2.3.6 所示。

在弹出的小对话框中，单击"三点"单选按钮，单击"X 轴上的第一个点"的第一个输入框，然后在视图窗口中，单击 1 号角、2 号角、3 号角，分别选中 3 个点，如图 2.3.7 所示。在 3 个点的框中，自动显示该 3 个点的坐标数据，然后单击"Accept"按钮，如图 2.3.8 所示。

"工件坐标框架"→"取点创建框架"→"三点法"这一流程是在工件与工作台有位移时进行的，需要将该工件坐标系创建在工件上。此处只在"用户坐标系框架"中设定即可。

图 2.3.5　创建工件坐标系

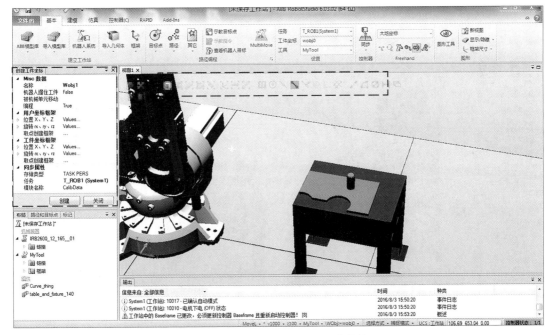

图 2.3.6　设置工件坐标系（附彩插）

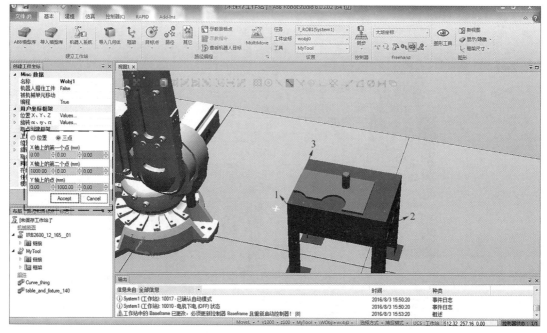

图 2.3.7　用三点法创建工件坐标系

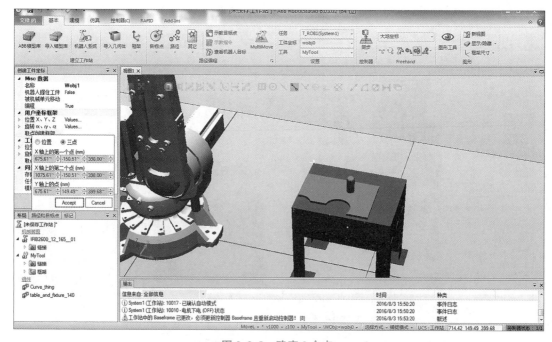

图 2.3.8　确定 3 个点

3 个点设定完成后，单击"创建"按钮，完成该工件坐标系的创建，如图 2.3.9 所示。

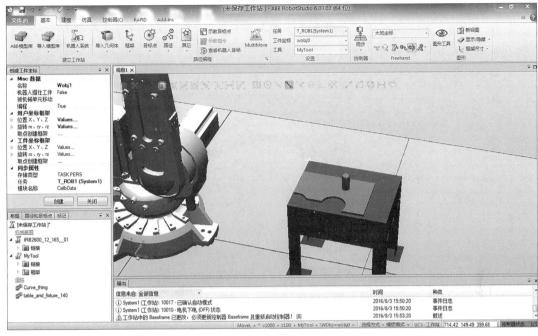

图 2.3.9　工件坐标系创建完成

利用三点法完成了名称为"Wobj1"的虚拟工件坐标系的创建后，在第一个点的位置出现一个坐标系的图标，在上方"设置"工具栏的"工件坐标"下拉列表中选择"Wobj1"选择，如图 2.3.10 所示。

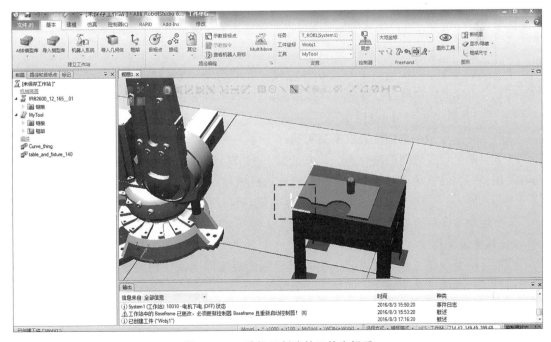

图 2.3.10　选择已创建的工件坐标系

二、创建工业机器人运行程序

在该部分操作中，需要使工业机器人末端安装工具（这里是"MyTool"）的 TCP，在工件坐标系 Wobj1 下，沿着已放置的工作台边沿运行，如图 2.3.11 所示。

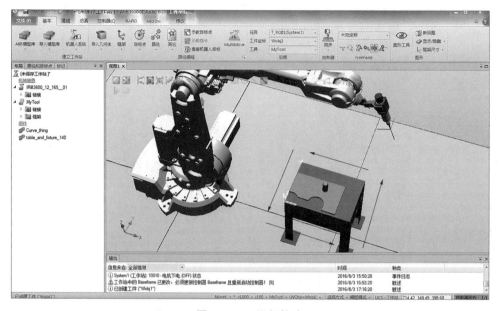

图 2.3.11　运行轨迹

虚拟仿真同样需要执行工业机器人程序，因此，在 RobotStudio 中需示教工作点并执行利用运动指令建立的例行程序，才能控制工业机器人沿着预定的轨迹运行。ABB 工业机器人的运动指令有运动指令、关节运动指令、线性运动指令、圆弧运动指令、绝对位置运动指令等。

1. 运动指令

工业机器人在空间中运动主要有 4 种方式：关节运动（MoveJ）、线性运动（MoveL）、圆弧运动（MoveC）和绝对位置运动（MoveAbsj）。这 4 种方式的运动指令分别介绍如下。

1）关节运动指令（MoveJ）

关节运动指令是在对精度要求不高的情况下，工业机器人的 TCP 从一个位置移动到另一个位置，两个位置之间的路径不一定是直线。关节运动指令适合在工业机器人大范围运动时使用，但容易在运动过程中出现关节轴进入机械死点位置的问题。

例如：MoveJ　p20, v100, z50, tool1\WObj：=wobj1；

关节运动指令解析如表 2.3.1 所示。

2）线性运动指令（MoveL）

线性运动指令使工业机器人的 TCP 从起点到终点之间的路径始终保持直线。该指令适用于对路径精度要求高的场合，如切割、涂胶等。

例如：MoveL　p20, v100, fine, tool1\WObj：=wobj1；

3）圆弧运动指令（MoveC）

圆弧运动指令使工业机器人在可到达的空间范围内定义 3 个位置点，第 1 个位置点是圆弧的起点，第 2 个位置点是圆弧的曲率（圆弧段的任意点），第 3 个位置点是圆弧的终点。

例如：MoveC　p20，p30，v100，z50，tool1\WObj：=wobj1；

4）绝对位置运动指令（MoveAbsJ）

绝对位置运动指令对工业机器人的运动使用 6 个轴的角度来定义目标位置数据。

表 2.3.1　关节运动指令解析

参数	说明	参数	说明
MoveJ	关节运动指令	p20	目标点位置数据
v100	运动数据	fine/z50	转弯数据
tool1	工具坐标数据	WObj：=wobj1	工件坐标系数据

2. 创建工业机器人运动轨迹程序

1）创建路径

在"基本"选项卡中，选择"路径"→"空路径"选项，为工业机器人创建新的例行程序，如图 2.3.12 所示。

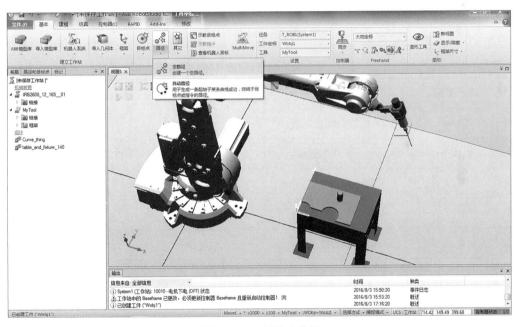

图 2.3.12　创建空路径

在左侧列表中，生成空路径"Path_10"，按照图 2.3.13 所示，设定上方"设置"工具栏中的信息，并在开始编程之前，在下方对运动指令及参数按照工作要求进行修改，单击框中对应的选项并设定为"MoveJ ＊ v1000 fine MyTool\Wobj：=Wobj1"。

2）规划工作点

在设计工业机器人运行方案前，需要首先规划工业机器人在整个工作过程中记录的目标点，通过分析，该任务至少需要示教 6 个点（此时 W_1 和 W_5、W_1_jie 和 W_1_Li 分别为同一个点），也可以示教 7 个或 8 个点，所涉及的目标点如表 2.3.2 所示。

项目二　工业机器人简单轨迹离线仿真

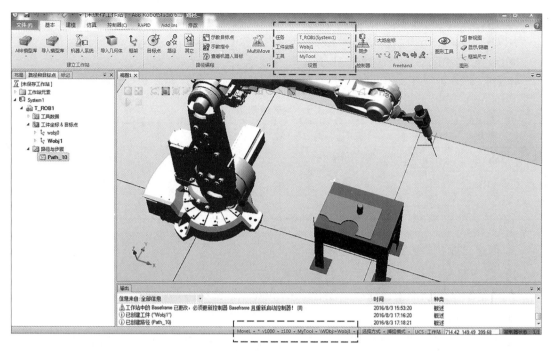

图 2.3.13　坐标和指令参数修改

表 2.3.2　运行轨迹目标点

序号	点位名称	说明	序号	点位名称	说明
1	Home	工业机器人原点位置	6	W_4	第四个工作点
2	W_1_jie	第一个工作点的过渡点	7	W_1/W_5	第一个工作点/第五个工作点
3	W_1	第一个工作点	8	W_1_Li	工作完后的离开点
4	W_2	第二个工作点	9	Home	工业机器人原点位置
5	W_3	第三个工作点	—	—	—

3) 示教编程

在默认的工业机器人原点位置，单击"路径编辑"工具栏中的"示教指令"按钮，在左侧列表"Path_10"中创建运动指令 MoveJ Target_10，作为工业机器人运行的起点（即 Home 点），在"Wobj1"中用鼠标右键单击"Target_10"，选择"重命名"命令，修改其名称为"Home"，修改完成后，该指令自动变成"MoveJ Home"，如图 2.3.14 所示。

选择合适的手动操纵方式和捕捉点工具，拖动工业机器人使工具 TCP 到达第一个工作点位置，单击示教指令，将名称修改为"W_1"，如图 2.3.15 所示。

在"Home"点和"W_1"点之间需要建立一个工作起点的接近点（W_1_jie）作为过渡，这里可以选择手动任意拖动到上方某个位置并示教的方式，也可通过精确确定该点和"W_1"点偏移距离的方式，示教该点。按照偏移的方式操作如下：首先用鼠标右键单击"W_1"点选择"复制"命令，继续用鼠标右键单击"Wobj1_of"选择"粘贴"命令，生成新的目标点，并修改名称为"W_1_jie"，如图2.3.16所示。

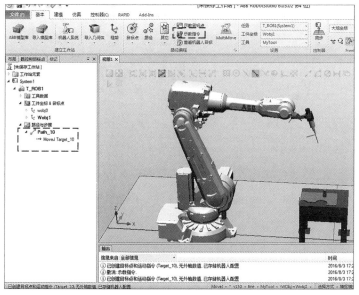

图 2.3.14　示教并修改名称为"Home"

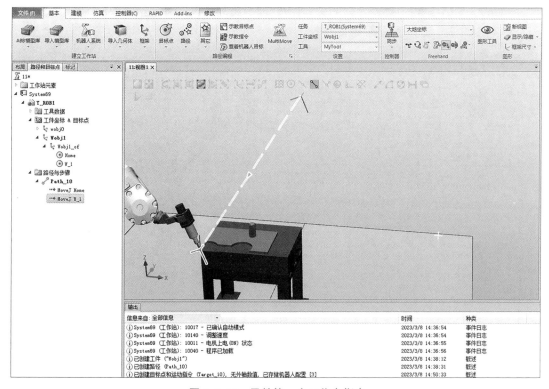

图 2.3.15　示教第一个工作点指令

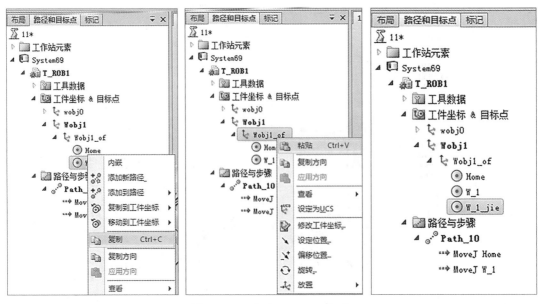

图 2.3.16　生成"W_1_jie"点

　　下面在"W_1_jie"点上设置距离"W_1"点的偏移量。操作为：用鼠标右键单击"W_1_jie"点，选择"修改目标"→"偏移位置"选项，这里需要设置工具坐标系在 X、Y、Z 方向偏移量和沿着 X、Y、Z 方向的旋转角度，以图 2.3.17 所示设置为例，需要注意区分工具 TCP 的 X、Y、Z 的正方向和负方向。

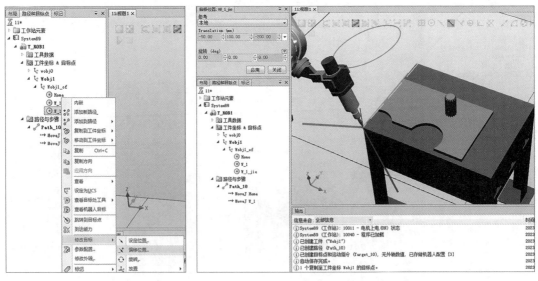

图 2.3.17　设置"W_1_jie"点距离"W_1"点的偏移量

　　设置完成后，需要将该点添加到"Path_10"生成运行程序。用鼠标右键单击"W_1_jie"点，选择"添加到路径"→"Path_10"→"MoveJ Home"选项，可看到在"MoveJ Home"下方添加了一条"MoveJ W_1_jie"运行程序，如图 2.3.18 所示。

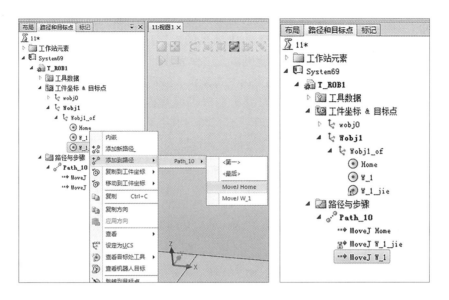

图 2.3.18　添加"MoveJ W_1_jie"运行程序

接下来工业机器人工具 TCP 需要沿工作台边沿运行直线轨迹，重新设置运动指令为
MoveL，因此，单击输出栏下方，调整运动指令为"MoveL ＊ v300 fine MyTool \ Wobj：＝
Wobj1"，分别手动拖动工业机器人使工具 TCP 对准第二个、第三个和第四个工作位置点，
单击示教指令，生成"W_2""W_3"和"W_4"目标点，在"Path_10"中自动生成相应
的 MoveL 运行程序，如图 2.3.19 所示。

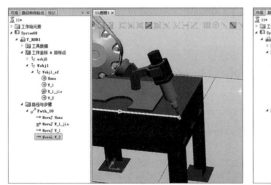

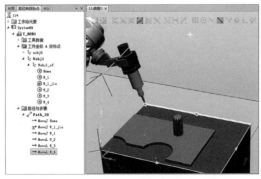

图 2.3.19　示教第二、第三和第四个工作点

示教完成第四个工作点后，工业机器人需要回到"W_1"点位置，此时可手动拖动工业机器人至第一个工作点，也可以参照图2.3.18所示的操作，将"W_1"点添加到"Path_10"中，生成"MoveL W_1"运行程序。工业机器人工作完成后，需要回到"Home"点位置，但同样需要一个点（W_1_Li）作为工作结束后的过渡点，按照图2.3.16所示的操作复制一新的目标点，并修改名称为"W_1_Li"，按照图2.3.17所示操作设置其相对于"W_1"点的偏移量，并添加到"Path_10"中生成运行程序，最后将"Home"点添加到"Path_10"中，使工业机器人工作完后回到原点位置。编写完成的工业机器人运行程序如图2.3.20所示。

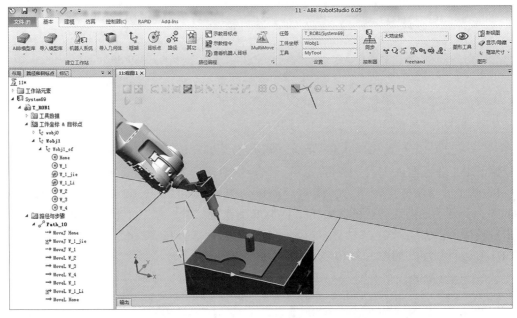

图 2.3.20　编写完成的工业机器人运行程序

4）调试程序

工业机器人运行指令示教完成后，在左侧列表的路径"Path_10"上单击鼠标右键，选择"到达能力"选项，查看工业机器人是否能合理到达各位置点，到达能力测试完成后，如果左侧窗口中显示绿色打钩，说明目标点都可到达，然后单击"关闭"按钮即可，如图2.3.21所示。

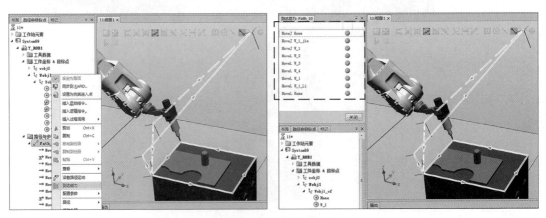

图 2.3.21　测试到达能力

工业机器人在工作中，有时需要对个别运行程序进行单独编辑和设置，以修改指令及其参数，操作过程如图 2.3.22 所示。用鼠标右键单击某一程序，选择"编辑指令"命令，弹出编辑该条指令的对话框，设置完成后单击"应用"按钮即可完成修改。

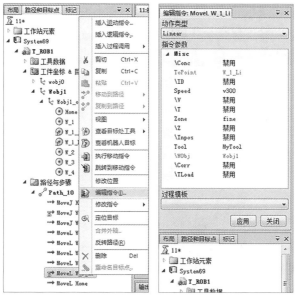

图 2.3.22　单独修改指令及其参数

所有的指令设置完成后，用鼠标右键单击"Path_10"，选择"配置参数"→"自动配置"命令，即可预览工业机器人在整个过程中的运行效果，如图 2.3.23 所示。

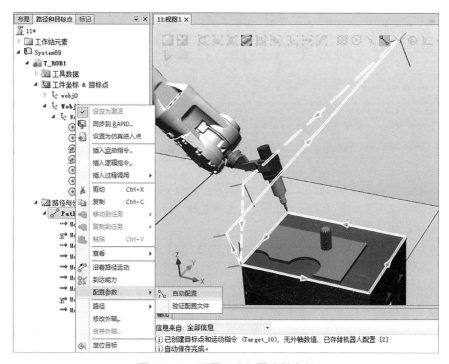

图 2.3.23　配置工业机器人轴参数

3. 工业机器人姿态调整

工业机器人各关节配置完成后，通过预览可查看工业机器人是否能到达各个目标点，如果在两点之间边运行边调整姿态，则工业机器人各关节无法配置到下一个目标点的姿态，运行停止并在输出窗口出现报警信息；有时在运行过程中，工业机器人即使能够完成各目标点之间的轨迹运行，却会发现在某些目标点存在不符合工业机器人正常工作的舒适姿态，此时，需要对不合理的工作姿态进行单独调整，以使工业机器人合理运行整个过程。

以修改"W_1"位置姿态为例，用鼠标右键单击"MoveJ W_1"，选择"跳转到移动指令"命令，可将工业机器人移动至到达该点时的姿态，如图 2.3.24 所示。通过工业机器人上的"ABB"可发现在该位置，工业机器人的第四轴已处于不合理的姿态，此时需要对该关节进行单独调整。

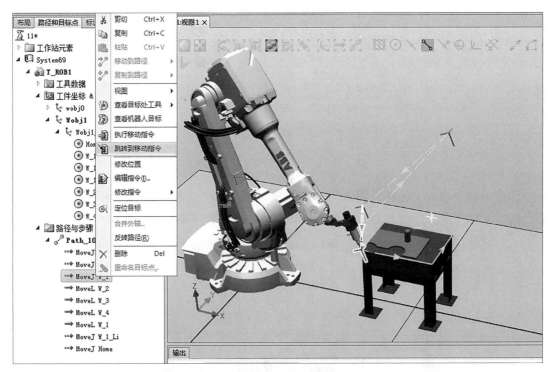

图 2.3.24　移动工业机器人至工作点姿态

在调整中，可选用手动重定位操作进行粗略调整；也可打开工业机器人的手动关节设置界面，手动调节工业机器人各关节的姿态，调整完成后需要重新捕捉工具 TCP 至工作点位置，操作过程如图 2.3.25 所示。

工业机器人的姿态手动调整完成后，需要重新记录该位置点的姿态。操作为：用鼠标右键单击"MoveJ W_1"，选择"修改位置"命令（图 2.3.26），这样重新运行工业机器人时，工业机器人到达该目标点时会以调整后的姿态运行。

在创建工业机器人轨迹指令程序时，要注意以下几点。

（1）进行手动线性操作时，要注意观察各关节轴是否会接近极限而无法拖动，这时要适当调整姿态。

（2）在示教轨迹的过程中，如果出现工业机器人无法到达工件的情况，应适当调整工件的位置后再进行示教。

（3）在示教的过程中，要适当调整视角，以便更好地观察。

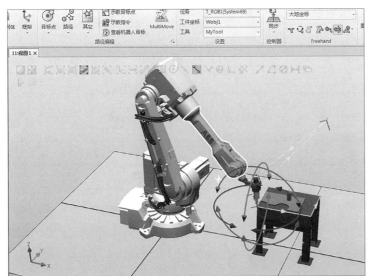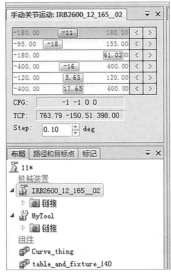

图 2.3.25　调整工业机器人至工作点姿态

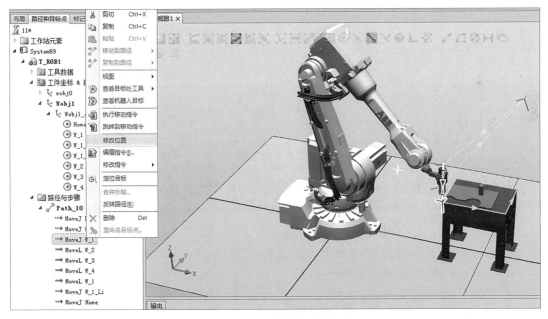

图 2.3.26　记录调整后的姿态

【学习检测】

（1）常用工业机器人坐标系有哪几种？其共同点是什么？

（2）简述如何创建工件坐标系。

（3）ABB 工业机器人运动指令有哪些？列出其指令参数。

（4）如何示教工业机器人位置点并编写运行程序？

（5）如何查看工业机器人是否能合理到达各位置点？

（6）在创建工业机器人轨迹指令程序时要注意哪些问题？

【学习记录】

学习记录单					
姓名		学号		日期	
学习项目：					
任务：			指导老师：		

【考核评价】

"任务 2.3 示教工作点并建立运行程序" 考核表

姓名		学号			日期		年　　月　　日	
类别	项目	考核内容		得分	总分	评分标准		签名
理论	知识准备（100 分）	工业机器人坐标系有哪些？其共同点是什么？如何创建工件坐标系？（30 分）				根据完成情况和质量打分		
		ABB 工业机器人运动指令有哪些？列出其指令参数（20 分）						
		在创建工业机器人运行程序时要注意哪些问题？（20 分）						
		工业机器人关节配置的要求是什么？（30 分）						

续表

类别	项目	考核内容	得分	总分	评分标准	签名
实操	技能要求（50分）	能熟练利用三点法创建工件坐标系			1. 能完成该任务的所有技能项，得满分； 2. 只能完成该任务的一部分技能项，根据情况扣分； 3. 不能正确操作则不得分	
		能正确选用运动指令，并修改其参数				
		能快速创建路径并完成运行程序位置点的示教				
		能正确查看和修改工业机器人不合理的位置点姿态				
	任务完成情况	完成□/未完成□				
	完成质量（40分）	工艺及熟练程度（20分）			1. 任务"未完成"，此项不得分； 2. 任务"完成"，根据完成情况打分	
		工作进度及效率（20分）				
	职业素养（10分）	安全操作、团队协作、职业规范、强国责任等			1. 未发生操作安全事故； 2. 未发生人身安全事故； 3. 符合职业操作规范； 4. 具有团队意识	
评分说明						
备注	1. 该考核表原则上不能出现涂改现象，否则必须在涂改处签名确认； 2. 该考核表作为学生学习过程考核的标准					

项目二 工业机器人简单轨迹离线仿真

【学习总结】

_____

_____

_____

_____

_____

_____

_____

_____

_____

_____

任务2.4　仿真运行工业机器人及保存仿真文件

【知识储备】

一、仿真运行工业机器人

创建和设置完成工业机器人运行程序后，将程序导入工业机器人 RAPID，并通过仿真运行将工业机器人的运行结果演示出来。

在 RobotStudio 软件中，为了保证虚拟控制器中的数据与工作站数据一致，需要将虚拟控制器与工作站数据进行同步。在工作站中修改数据后，执行"同步到 RAPID"命令；反之执行"同步到工作站"命令。在"基本"选项卡中选择"同步"→"同步到 RAPID"命令，如图 2.4.1 所示。

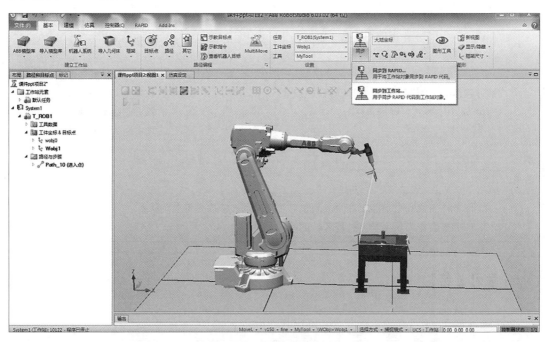

图 2.4.1　同步到 RAPID

执行"同步到 RAPID"命令后，在弹出的界面中，将同步的所有项目都选中，然后单击"确定"按钮，如图 2.4.2 所示。

在将程序成功导入 RAPID 后，就可以在"仿真"选项卡中单击"仿真设定"按钮，并将"Path_10"设为进入点，使其成为当前运行程序，如图 2.4.3 所示。

设定完成后，在"仿真"选项卡中单击"播放"按钮，即可在视图窗口中看到工业机器人沿着之前编译的程序和设定的轨迹运动，如图 2.4.4 所示。

图 2.4.2 选择同步的内容

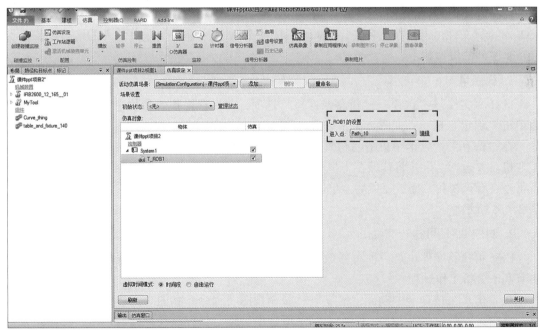

图 2.4.3 仿真设定

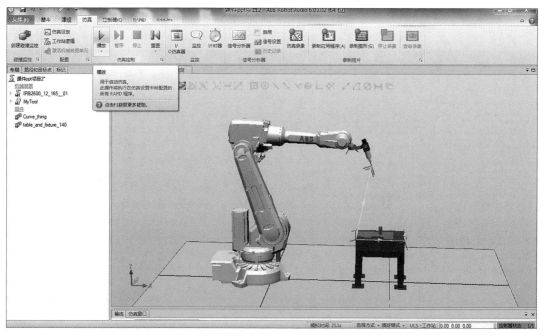

图 2.4.4　仿真播放

二、保存仿真文件

为了方便随时查看运行效果，可以将工作站中工业机器人的运行过程录制成视频和 EXE 可执行文件，以便在没有安装 RobotStudio 的计算机中查看工业机器人的运行结果。保存仿真文件的操作如下。

1. 视频录制

选择"文件"→"选项"→"屏幕录像机"选项，对保存视频的参数进行设定，设定完成后单击"确定"按钮，如图 2.4.5 所示。

在"仿真"选项卡中单击"仿真录像"按钮，然后单击"播放"按钮，此时即可录制工业机器人运行结果并将其保存为视频文件。在"仿真"选项卡中单击"查看录像"按钮就可以查看该视频，播放完成后，单击"保存"按钮即可对工作站工作过程进行保存，如图 2.4.6 所示。

2. 制作 EXE 可执行文件

EXE 可执行文件也是一种可播放文件，并可在播放中通过转换不同的视角查看效果，更有利于分析工作过程。

在"仿真"选项卡中选择"播放"→"录制视图"命令，如图 2.4.7 所示。

录制完成后，在弹出的"Save As"对话框中可指定保存路径，然后单击"Save"按钮即可完成该文件的保存，如图 2.4.8 所示。

双击生成的 EXE 文件，在运行窗口中，缩放、平移和转换视角的操作与 RobotStudio 中一样。单击"Play"按钮，开始工业机器人的运行，如图 2.4.9 所示。

图 2.4.5　保存视频设定

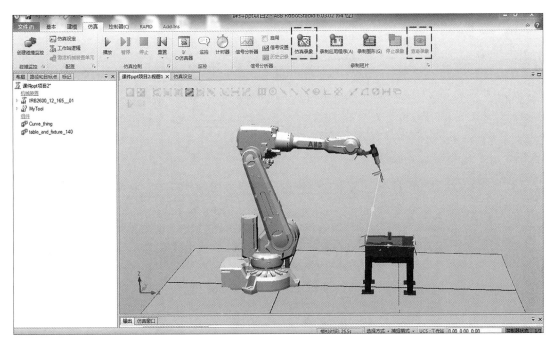

图 2.4.6　视频录制与查看

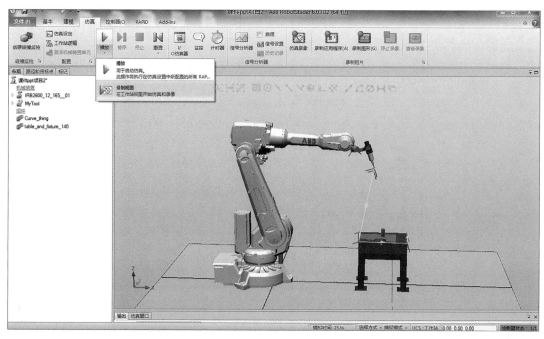

图 2.4.7　EXE 文件制作

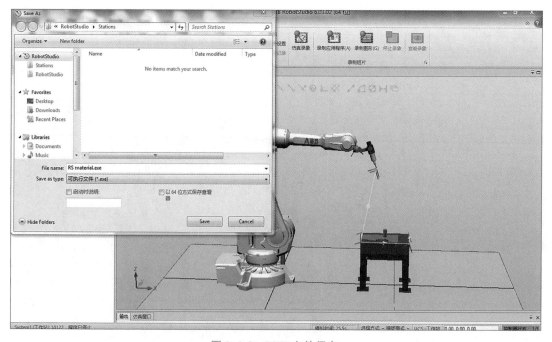

图 2.4.8　EXE 文件保存

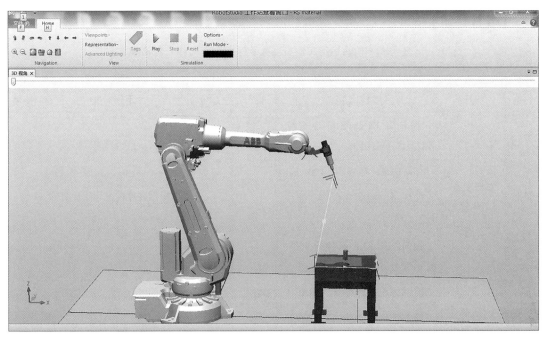

图 2.4.9　EXE 文件运行

【学习检测】

（1）如何正确地将程序导入 RAPID？

（2）如何仿真运行程序？

（3）如何视频录制和保存仿真文件？

（4）如何制作 EXE 可执行文件？

【学习记录】

学习记录单					
姓名		学号		日期	
学习项目：					
任务：				指导老师：	

【考核评价】

"任务 2.4 仿真运行工业机器人及保存仿真文件"考核表

姓名		学号			日期		年　　月　　日	
类别	项目	考核内容		得分	总分	评分标准		签名
理论	知识准备（100分）	如何正确地将程序导入 RAPID？（30分）				根据完成情况和质量打分		
		如何仿真运行程序？（20分）						
		如何录制视频和保存仿真文件？（30分）						
		如何制作 EXE 可执行文件，并正确查看？（20分）						
实操	技能要求（50分）	能熟练地将程序导入 RAPID				1. 能完成该任务的所有技能项，得满分； 2. 只能完成该任务的一部分技能项，根据情况扣分； 3. 不能正确操作则不得分		
		能熟练地完成仿真设定并仿真运行						
		能正确录制视频和保存视频文件						
		能正确制作 EXE 可执行文件						
	任务完成情况	完成□/未完成□						
	完成质量（40分）	工艺及熟练程度（20分）				1. 任务"未完成"，此项不得分； 2. 任务"完成"，根据完成情况打分		
		工作进度及效率（20分）						
	职业素养（10分）	安全操作、团队协作、职业规范、强国责任等				1. 未发生操作安全事故； 2. 未发生人身安全事故； 3. 符合职业操作规范； 4. 具有团队意识		
评分说明								
备注	1. 该考核表原则上不能出现涂改现象，否则必须在涂改处签名确认； 2. 该考核表作为学生学习过程考核的标准							

【学习总结】

项目三 **工业机器人工具的创建**

项目描述

　　在仿真中，需要根据工业机器人的生产工艺要求，建立符合实际工作过程的其他工作设备、围栏以及工业机器人工具等模型，在软件中规划各设备间的布局，以保证仿真效果和实际生产完全一致。本项目主要利用RobotStudio软件中"建模"选项卡的功能，设计图3.0.1所示的吸盘夹爪组合工具模型，将吸盘和夹爪分别创建成工业机器人工具，并正确安装到工业机器人法兰盘上，同时为夹爪工具创建成具备手动打开/关闭功能的机械装置。本项目以"培育创新文化，营造创新氛围"为指导，激发学习者的创新活力，塑造创新发展的优势。

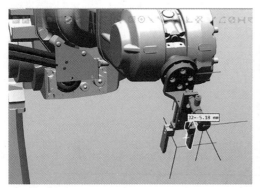 

图 3.0.1　吸盘夹爪组合工具模型

学习说明

　　通过本项目的学习，学会灵活运用RobotStudio软件中"建模"菜单的功能创建所需的模型，并能够测量其尺寸以保证正确安装；为模型创建成机械装置，实现相应的机械动作要求；将模型创建成工业机器人工具，掌握创建工具的参数设置原理和方法，建立符合实际要求的工业机器人工具，并保证工具法兰端能正确合理地安装到工业机器人法兰盘上。掌握利用"创建机械装置"的方法创建工具，利用手动操纵使左、右夹爪部分能实现同步"打开"和"关闭"动作。本项目的思维导图如图3.0.2所示。

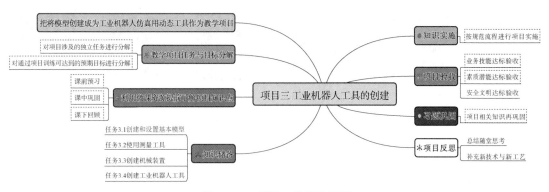

图 3.0.2　项目三的思维导图

教学目标

知识目标：

（1）学会用 RobotStudio 软件中的"建模"选项卡建立三维模型的方法；

（2）学会对所建立的三维模型进行尺寸测量的方法；

（3）学会创建模型的机械装置并进行设置；

（4）学会对工具模型进行操作，创建成工业机器人工具的方法。

能力目标：

（1）能够利用"建模"选项卡创建组合工具模型；

（2）能够建立夹爪工具的机械运动特性；

（3）能够将组合工具模型创建成工业机器人工具，并正确安装到工业机器人法兰盘上。

素质目标：

（1）具有质量意识、环保意识、安全意识、信息素养、创新思维；

（2）注重团队协作和分工；

（3）具有工匠精神及职业素养；

（4）具有一定的审美和人文素养。

视频资源

与本项目相关的视频资源如表 3.0.1 所示。

表 3.0.1　项目三视频资源列表

序号	任务	资源名称	二维码	序号	任务	资源名称	二维码
1	创建基本模型	建模功能的使用	二维码 1	4	创建工业机器人工具	创建工业机器人工具	二维码 4
2	使用测量工具	测量工具的使用	二维码 2			创建工业机器人组合工具	二维码 5
3	创建机械装置	创建滑台滑块机械装置	二维码 3			机械装置创建工具	二维码 6

二维码1　　二维码2　　二维码3　　二维码4　　二维码5　　二维码6

项目实施

本项目的具体完成过程是：学生组内讨论并填写讨论记录单→根据学习的能力储备内容完成本项目→学生代表发言，汇报项目实施过程中遇到的问题→评价→学生对项目进行总结反思→巩固训练→师生共同归纳总结。

学生分组实施项目。本项目的具体任务如下。

（1）利用"建模"选项卡创建组合工具模型；

（2）完成对模型的CAD操作，并装配成图3.0.1所示的组合工具；

（3）分别创建吸盘和夹爪为工业机器人工具；

（4）利用创建机械装置的方法为夹爪工具创建左、右爪可分离的动作。

操作步骤如下。

（1）按照图示要求分别创建和修改组合工具各部分模型；

（2）对模型进行CAD操作，使其尺寸符合要求；

（3）利用"组件组"组装各部分模型，使其成为图3.0.1所示的组合工具；

（4）创建组合工具模型为工业机器人工具，并正确安装到工业机器人法兰盘上；

（5）创建夹爪工具，使左、右夹爪成为可手动打开/关闭的机械装置。

项目验收

对项目三各任务的完成结果进行验收、评分，对合格的任务进行接收。本项目学生的成绩主要从项目课前学习资料查阅报告完成情况（10%）、操作评分表（70%）（表3.0.2）、平时表现（10%）和职业及安全操作规范（10%）等4个方面进行考核。

表3.0.2　操作评分表

任务	技术要求	分值	评分细则	自评分	备注
"建模"选项卡功能的使用	熟练绘制组合工具各部分模型，并设置相关信息	10	绘制完成组合工具中各部分的基本模型		
	能够熟练利用CAD工具，完成组合工具模型的逻辑运算	10	将各部分的基本模型处理成组合工具各部分形体，并完成组装		
正确使用测量工具	能够熟练使用4种测量工具，完成对不同参数的尺寸测量	10	能用"点对点""角度""直径""最短距离"4个测量工具测量相应的尺寸		

任务	技术要求	分值	评分细则	自评分	备注
创建组合工具	能够按照创建工具的方法，创建吸盘工具和夹爪工具	20	（1）吸盘部分已创建成工具； （2）夹爪部分已创建成工具		
创建夹爪机械装置	能利用创建机械装置的方法，将左、右夹爪工具创建成机械装置	20	手动操作夹爪，能实现左、右部分同步打开和关闭		
安全操作	符合上机实训操作要求	15	违反安全文明操作，视情况扣5~10分		
职业素养	具有爱国情怀和创新意识	15	具有创新意识，能根据不同行业、不同工作对象等信息，说出可设计工业机器人工具的外观及其功能		

项目工单

在本项目实施环节中，学习者需按照表3.0.3所示学习工作单的栏目做好记录和说明，作为对项目三实施过程的记录，并为下一项目的交接和实施提供依据。

表3.0.3 "项目三 工业机器人工具的创建"学习工作单

姓名		班组		日期	年　　月　　日
准备情况	工业机器人工具安装的原理： 工业机器人常用工具的结构： 工业机器人工具坐标系的含义和使用功能： 创建夹爪工具为机械装置的思路： 用仿真法创建工业机器人工具的核心做法：				需说明的情况：

续表

姓名		班组		日期		年	月	日

实施说明	根据尺寸要求，建立项目所要求的组合工具模型：	需说明的情况：
	将模型创建为工业机器人工具：	
	将模型中的夹爪创建为可打开/关闭的机械装置：	
	将模型创建为组合工具并安装到工业机器人法兰盘上：	

完成情况	已完成组合工具模型的创建	□是 □否
	已通过仿真方法将模型创建为工业机器人工具	□是 □否
	已将工具正确安装到工业机器人法兰盘上	□是 □否
备注		

任务 3.1　创建和设置基本模型

【知识储备】

一、创建基本模型

在 RobotStudio 软件中，"建模"选项卡可提供基本固体、表面和曲线模型的创建功能，方便建立基本的简单模型，并可通过"CAD 操作"工具栏，实现对模型的修改和设置，激发学习者的设计思维和创新思维。

在"文件"选项卡中选择"新建"命令，创建一个新的空工作站，如图 3.1.1 所示。

"建模"选项卡包含有"创建""CAD 操作"和"测量"工具栏，可实现对简单模型的创建和编译，如图 3.1.2 所示。

下面分别对固体、曲面和直线的建模过程进行讲解。

1. 创建固体模型

在"固体"下拉列表中，包含"矩形体""3 点法创建立方体""圆锥体""圆柱体""锥体"和"球体"6 个选项，如图 3.1.3 所示。

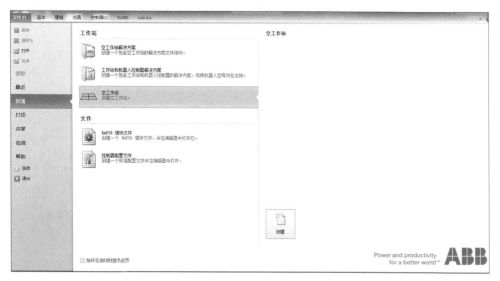

图 3.1.1　新建空工作站

图 3.1.2　"建模"选项卡的工具栏

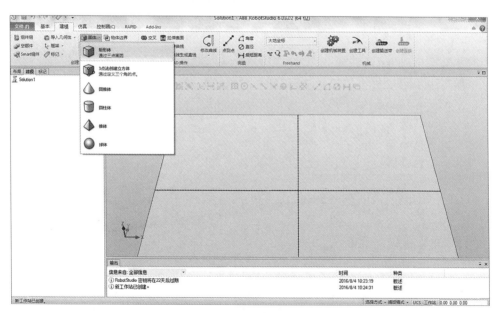

图 3.1.3　"固体"下拉列表

下面分别创建矩形体、圆锥体和球体 3 个固体模型。

1）创建矩形体模型

在"建模"选项卡中，选择"创建"→"固体"→"矩形体"选项，按照图 3.1.4 中垛板的数据进行参数输入（长度：1190 mm，宽度：800 mm，高度：140 mm），然后单击"创建"按钮，即可创建矩形体模型。

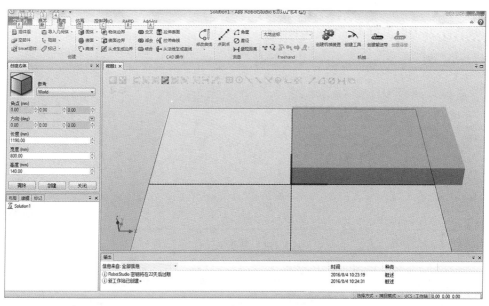

图 3.1.4 创建矩形体模型

2）创建圆锥体模型

在"建模"选项卡中，选择"创建"→"固体"→"圆锥体"选项，如图 3.1.5 所示。

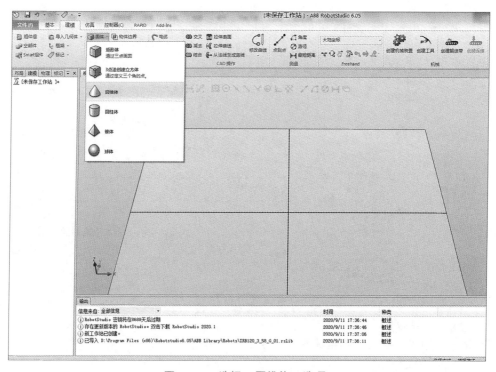

图 3.1.5 选择"圆锥体"选项

　　按照图 3.1.6 所示创建圆锥的数据进行参数输入（半径：200 mm，高度：400 mm），通过预览图可查看效果，然后单击"创建"按钮，即可创建圆锥体模型。

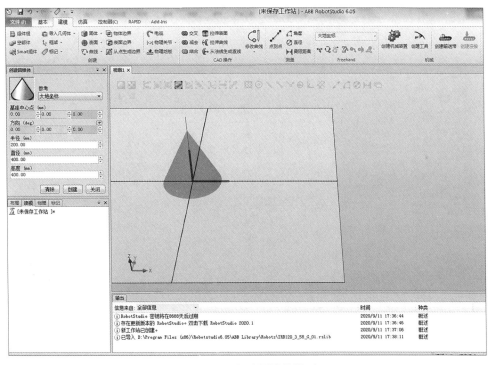

图 3.1.6　创建圆锥体模型

3）创建球体模型

在"建模"选项卡中，选择"创建"→"固体"→"球体"选项，如图 3.1.7 所示。

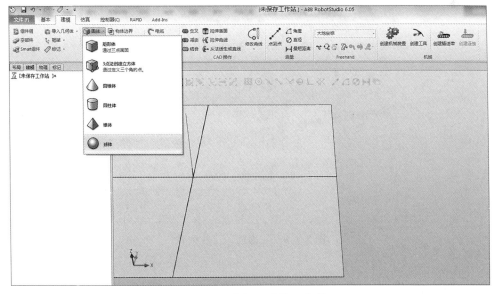

图 3.1.7　选择"球体"选项

按照图 3.1.8 所示输入球体的半径即可创建球体模型。

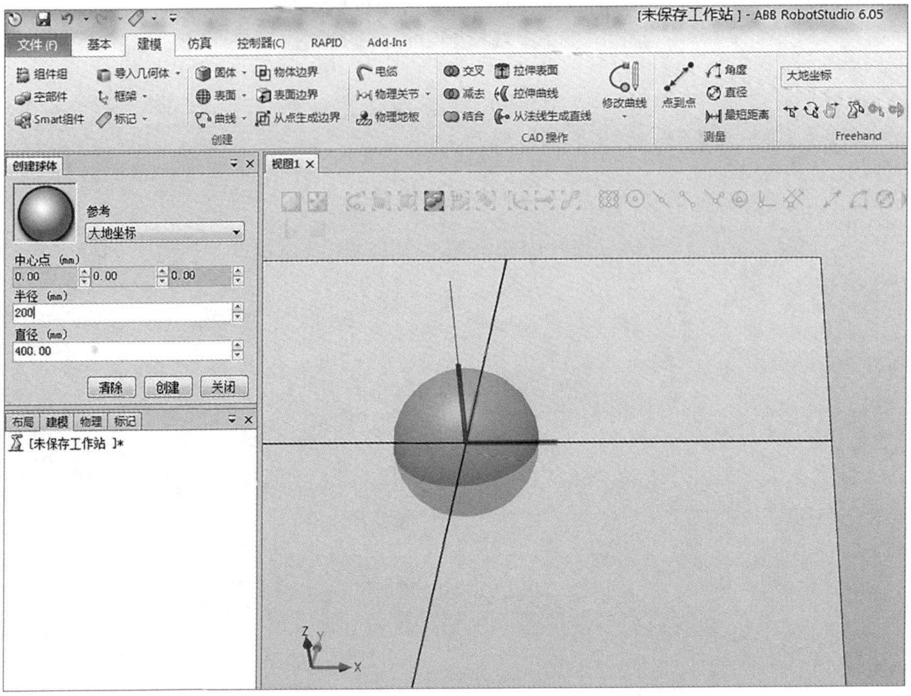

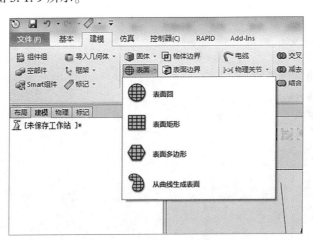

图 3.1.8　创建球体模型

2. 创建表面模型

在"表面"下拉列表中，包含"表面圆""表面矩形""表面多边形""从曲线生成表面"4 个选项，如图 3.1.9 所示。

图 3.1.9　"表面"下拉列表

1）创建表面圆模型

打开"创建表面圆形"界面，输入圆的半径为 200 mm，可看到生成半径为 200 mm 的圆形平面，如图 3.1.10 所示。

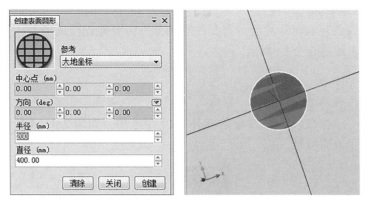

图 3.1.10　创建表面圆模型

2）创建表面矩形模型

打开"创建表面矩形"界面，输入长度为 300 mm，宽度为 200 mm，可看到生成的矩形平面，如图 3.1.11 所示。

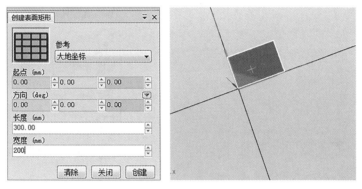

图 3.1.11　创建表面矩形模型

3）创建表面多边形模型

打开"创建表面多边形"界面，输入顶点数代表多边形数，这里以输入"6"为例，选中第一个顶点的输入框，然后在视图窗口中单击以确定起点，然后单击"创建"按钮即可看到生成的六边形平面，如图 3.1.12 所示。

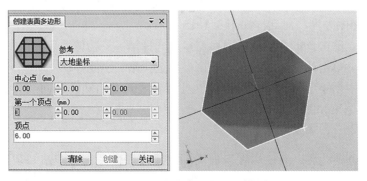

图 3.1.12　创建表面多边形模型

4）从曲线生成表面

打开"从曲线创建表面"界面，需要注意的是，需要先创建一条封闭的曲线才可利用此方法创建表面，如图 3.1.13 所示。

3. 创建曲线

在"曲线"下拉列表中，包含"直线""圆""三点画圆""弧线""椭圆弧""椭圆""矩形""多边形""多线段"和"样条插补"10 个选项，如图 3.1.14 所示。其参数输入可参照固体模型和表面模型。

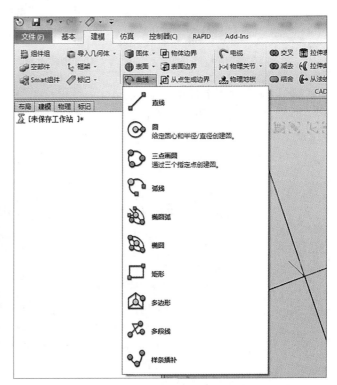

图 3.1.13　"从曲线创建表面"界面　　　　图 3.1.14　"曲线"下拉列表

4. 物体边界

在两个相交物体间创建边界，要使用在物体间创建边界命令，当前工作站必须至少存在两个物体。"物体边界"对话框如图 3.1.15 所示。

第一个物体：单击此框，然后在图形窗口中选择第一个物体。

第二个物体：单击此框，然后在图形窗口中选择第二个物体。

这里创建了一个矩形体和一个圆锥体，且两者之间有相交的共同部分，通过"物体边界"功能得到的结果如图 3.1.16 所示。

5. 表面边界

在表面周围创建边界，要使用在表面周围创建边界命令，工作站必须至少包含一个带图形演示的对象。"表面边界"对话框界面如图 3.1.17 所示。

选择表面：单击此框，然后在图形窗口中选择表面。

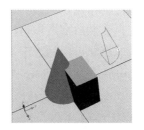

图 3.1.15　"物体边界"对话框　　图 3.1.16　"物体边界"结果

图 3.1.17　"表面边界"对话框

这里选择了矩形体的上表面，通过"表面边界"功能得到的结果如图 3.1.18 所示。

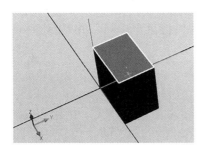

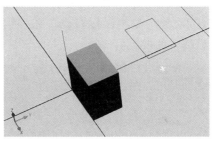

图 3.1.18　"表面边界"结果

6. 从点生成边界

从点生成边界是指沿着选取的点构成边界。从点生成边界，要使用从点开始创建边界命令，工作站必须至少包含一个对象。示例图和"从点生成边界"对话框如图 3.1.19 所示。

选择物体：单击此框，然后在图形窗口中选择一个对象。

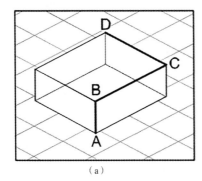

（a）　　　　　　　　　　　　（b）

图 3.1.19　示例图和"从点生成边界"对话框

（a）示例图；（b）"从点生成边界"对话框

点坐标：在此处指定定义边界的点，一次指定一个，具体方法是，输入所需的值，或者单击输入框之一，然后在图形窗口中选择相应的点，以传送其坐标。

添加：单击此按钮可向列表中添加点及其坐标。

这里选择了矩形体的上表面，通过"从点生成边界"功能得到的结果如图 3.1.20 所示。

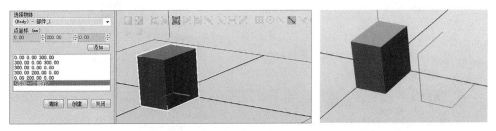

图 3.1.20　"从点生成边界"结果

二、设置基本模型

左侧列表中，在已经创建的对象上单击鼠标右键，在弹出的快捷菜单中可以进行颜色设定、位置、显示、重命名等相关的设置。这里以矩形体为例讲解，操作步骤如下。

在刚创建的对象上单击鼠标右键，在弹出的快捷菜单中可以进行颜色（图 3.1.21）、位置（图 3.1.22）的设置。

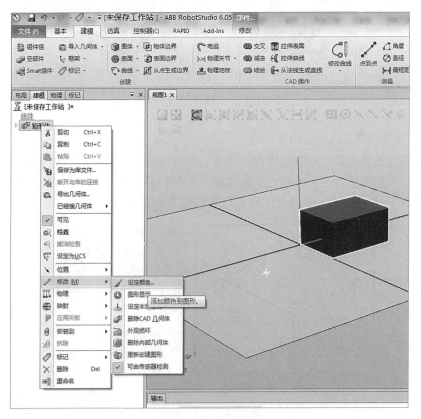

图 3.1.21　修改颜色

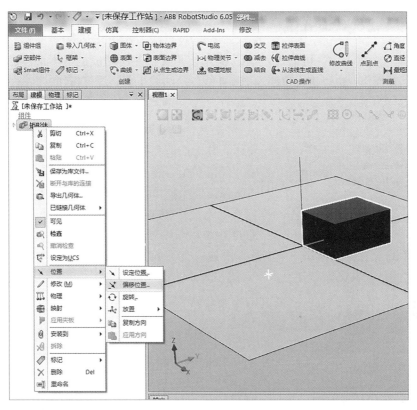

图 3.1.22　修改位置

在模型设置完成后，在列表中用鼠标右键单击该模型名称，选择"导出几何体"命令，就可将对象保存，如图 3.1.23 所示。

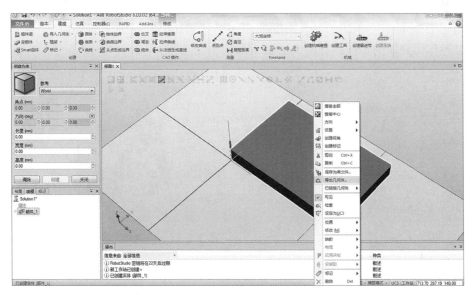

图 3.1.23　将对象保存为几何体

三、对模型进行 CAD 操作

在"建模"选项卡中，可通过"CAD 操作"工具栏对所生成的基本形体进行交叉、减去、结合等运算操作，也可进行拉伸表面和曲线、从法线生成直线等操作，如图 3.1.24 所示。

图 3.1.24   "CAD 操作"工具栏

1. 交叉

"交叉"是对两个物体相交的部分生成一个新的实体，其对话框和操作示意如图 3.1.25 所示。

保留初始位置：选择此复选框，以便在创建新物体时保留原始物体。

交叉……（A）：在图形窗口中单击选择要建立交叉的物体（A）。

……和（B）：在图形窗口中单击选择要建立交叉的物体（B）。新物体将会根据选定物体 A 和 B 之间的公共区域创建。

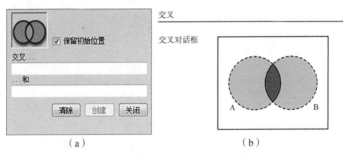

（a）   （b）

图 3.1.25   "交叉"对话框和操作示意

（a）"交叉"对话框；（b）操作示意

如图 3.1.26 所示，创建了一个矩形体和一个圆锥体，且两者之间有相交的共同部分，通过交叉操作得到新的实体，如图 3.1.27 所示。

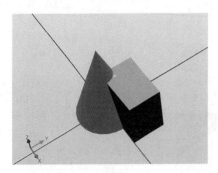
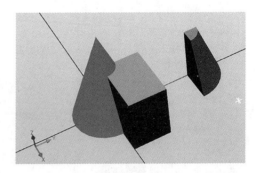

图 3.1.26   两相交实体   图 3.1.27   "交叉"操作后得到新的实体

2. 减去

"减去"是对两个物体相减生成一个新的物体，其对话框和操作示意如图 3.1.28 所示。

保留初始位置：勾选此复选框，可在创建新物体时保留原始物体。

减去...：在图形窗口中单击选择要减去的物体［图 3.1.28（b）中的 A］。

...与：在图形窗口中单击选择要减去的物体［图 3.1.28（b）中的 B］。新物体将会根据选定物体 A 和 B 之间的公共体积后的区域创建。

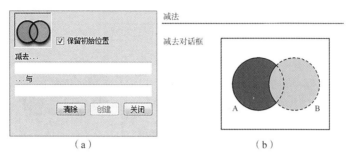

图 3.1.28 "减去"对话框和操作示意

（a）"减去"对话框；（b）操作示意

在"减去"操作中，先选和后选物体所得到的结果有所不同，图 3.1.29 所示为先选择矩形体，后选择圆锥体的结果。

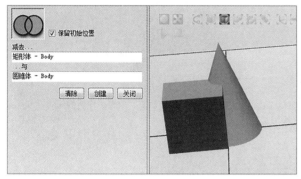
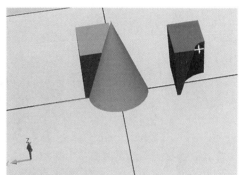

图 3.1.29 矩形体减去圆锥体得到新的实体

图 3.1.30 所示为先选择圆锥体，后选择矩形体的结果。

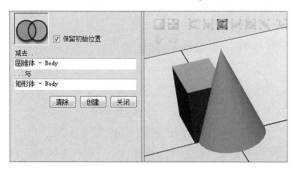
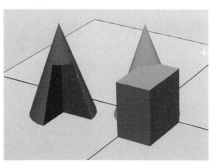

图 3.1.30 圆锥体减去矩形体得到新的实体

3. 结合

"结合"是使两个物体结合生成一个新的物体，其对话框和操作示意如图 3.1.31 所示。

保留初始位置：勾选此复选框，可在创建新物体时保留原始物体。

结合…：在图形窗口中单击选择要结合的物体［图3.1.31（b）中的A］。

…和：在图形窗口中单击选择要结合的物体［图3.1.31（b）中的B］。新物体将会根据选定物体A和B之间的区域创建。

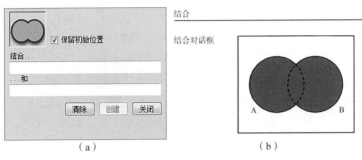

图3.1.31　"结合"对话框和操作示意

(a)"结合"对话框；(b)操作示意

通过"结合"操作后得到的新的实体如图3.1.32所示。

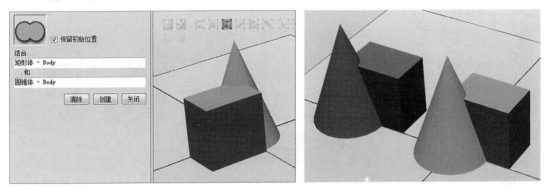

图3.1.32　"结合"操作得到新的实体

4. 拉伸表面/拉伸曲线

利用表面创建三维物体，可沿指定方向或选定曲线延伸对象生成实体。"拉伸表面/拉伸曲线"对话框如图3.1.33所示。

表面或曲线：表示要进行拉伸的表面或曲线。要选择表面或曲线，先在该框中单击，然后在图形窗口中选择曲线或表面。

沿矢量拉伸：可沿指定矢量进行拉伸。起点为矢量的起点，终点为矢量的终点。若沿矢量拉伸，则输入相应的值。

沿曲线拉伸：可沿指定曲线进行拉伸。曲线表示用作搜索路径的曲线，要选择曲线，首先在图形窗口中单击该框，然后单击曲线。若沿曲线拉伸，则单击"沿曲线拉伸"单选按钮，然后单击"曲线"框，并在图形窗口中选择曲线。

制作实体：勾选此复选框可将拉伸形状转换为固体。如果要显示为表面模式，则取消勾选该复选框。

如图3.1.34所示，创建了一个正五边形和一样条曲线，通过"沿曲线拉伸"操作获得的结果如图1.3.35所示。

图 3.1.33　"拉伸表面/拉伸曲线"对话框

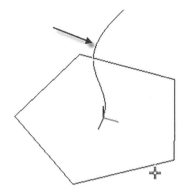

图 3.1.34　沿曲线拉伸

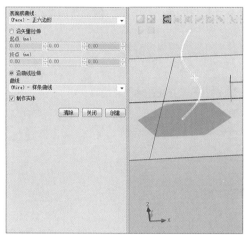

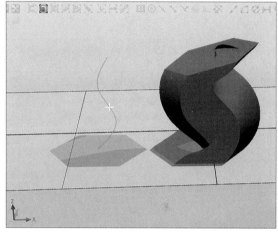

图 3.1.35　"沿曲线拉伸"操作的结果

5. 从法线生成直线

"从法线生成直线"是在表面上通过某点生成该表面的垂线。其对话框描述和操作如图 3.1.36 所示。

操作过程：单击"选择表面"框，在图形窗口中选择一个面，在"表面上的点"框中可指定点的坐标，在"长度"框中可指定直线长度。如有需要，勾选"转换法线"复选框反转直线方向。单击"创建"按钮完成操作。

这里创建了一个表面圆形，通过"从法线生成直线"操作可获得一条垂线，如图 1.3.37 所示。

图 3.1.36　"从法线生成直线"对话框

6. 修改曲线

在"修改曲线"下拉列表中，包含"延伸曲线""接点曲线""投影曲线""反转曲线""拆分曲线""修剪曲线"等 6 种对已经生成的曲线进行修改的方法，如图 3.1.38 所示。

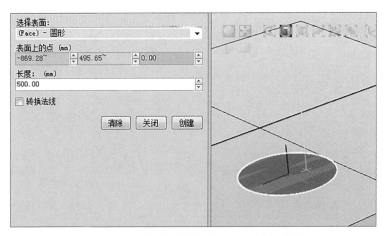

图 3.1.37 "从法线生成直线"操作的结果

图 3.1.38 "修改曲线"下拉列表

1）延伸曲线

"延伸曲线"是沿着曲线的切线方向直线拉伸曲线。"延伸曲线"对话框如图 3.1.39 所示。

图 3.1.39 "延伸曲线"对话框

操作如下：在"修改曲线"下拉列表中选择"延伸曲线"选项，打开"延伸曲线"对话框；单击希望延伸的曲线；在"从开始顶点"和"从结束顶点"框中输入或选择希望曲线延伸的长度；在图形窗口中有一根黄线显示延伸曲线的预览；单击"应用"按钮完成操作。

对图 3.1.40 所示的样条曲线进行延伸操作，可获得图右侧所示的结果。

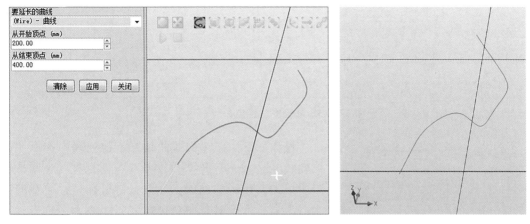

图 3.1.40 "延伸曲线"应用

2）接点曲线

"接点曲线"是将多条样条曲线连成一条曲线。"接点曲线"对话框如图 3.1.41 所示。

操作如下：在"修改曲线"下拉列表中选择"接点曲线"选项，打开"接点曲线"对话框；在图形窗口中单击要合并的曲线；要合并的曲线可以是交叉或相邻的曲线，"要连接的曲线"列表框显示了要连接的曲线，要从该列表框中删除某条曲线，请选择相应的列表项，然后按 Del 键；在"公差"框中输入一个值，终点位于公差范围内的相邻曲线将适用于操作；单击"应用"按钮完成操作。对图 3.1.42 所示的两条相交样条曲线进行接点操作，可获得如图右侧所示的结果。

图 3.1.41 "接点曲线"对话框

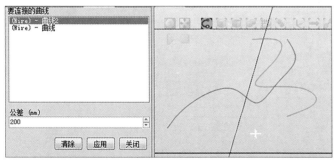

图 3.1.42 相交"接点曲线"应用

对图 3.1.43 所示的两条非相交样条曲线进行接点操作，可获得图右侧所示的结果。

注：在"公差"框中输入的数值不同，获得的结果也会不同。

3）投影曲线

"投影曲线"是将一条曲线投影到表面。"投影曲线"对话框如图 3.1.44 所示。

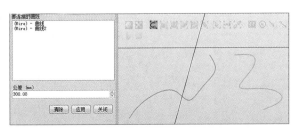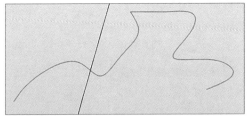

图 3.1.43 非相交"接点曲线"应用

图 3.1.44 "投影曲线"对话框

操作如下：在"修改曲线"下拉列表中选择"投影曲线"选项，打开"投影曲线"对话框；在图形窗口中单击要投影的曲线，注意，将鼠标指针放在曲线上时，会显示投射方向。投射方向始终为用户坐标系的负 Z 方向，如要改变投射方向，按所需方位创建一个新框架，并将其设为用户坐标系；"要投影的曲线"列表框显示了将要投射的曲线，要从该列表框中删除某条曲线，请选择相应的列表项，然后按 Del 键；单击"目标体"列表框，然后在图形窗口中单击要投射的体，这些体必须处于投射方向上，并且要大到能覆盖投射的曲线，要删除列表框中的体，请选择列表项目并按 Del 键；单击"应用"按钮完成操作，现在将在新部件内创建一条新曲线，该曲线包围在所选体的表面。

对图 3.1.45 所示的两条样条曲线在圆柱体上进行投影操作，可获得图右侧所示的结果。

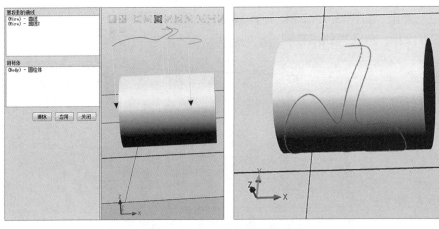

图 3.1.45 "投影曲线"应用

4）反转曲线

"反转曲线"是反转一组曲线的方向。

操作如下：在"修改曲线"下拉列表中选择"反转曲线"选项，打开"反转曲线"对话框；在图形窗口中单击要反转的曲线，注意，将鼠标指针放在曲线上时，曲线的当前方向以黄色箭头显示；"要翻转的曲线"列表框显示了将要反转的曲线，要从该列表框中删除某条曲线，请选择相应的列表项，然后按 Del 键；单击"应用"按钮完成操作，曲线即被反转。操作举例如图 3.1.46 所示。

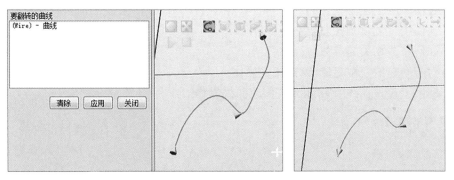

图 3.1.46 "反转曲线"应用

5）拆分曲线

"拆分曲线"是将一条开曲线分成两段。"拆分曲线"对话框如图 3.1.47 所示。

操作如下：在"修改曲线"下拉列表中选择"拆分曲线"选项，打开"拆分曲线"对话框；在曲线上要拆分的位置单击，只有开放性的曲线才可以拆分，注意，将鼠标指针放在曲线上时，将会突出显示拆分点，此点受当前捕捉模式设置的影响；单击"应用"完成操作，曲线将立即在同一部件内拆分成两段单独的曲线。

图 3.1.47 "拆分曲线"对话框

对图 3.1.48 所示曲线进行拆分后，得到两段曲线，图右侧采用两种不同的颜色进行区分。

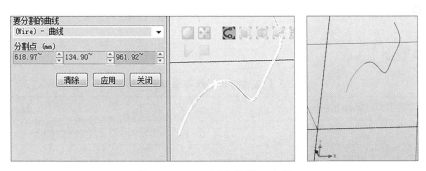

图 3.1.48 "拆分曲线"应用

6）修剪曲线

"修剪曲线"是减小曲线端部的长度。

操作如下：在"修改曲线"下拉列表中选择"修剪曲线"选项，打开"修剪曲线"对话框；单击曲线段进行修剪，截取仅适用于具有交叉点的单一曲线，如果要截取与另一条曲线交叉的曲线，请首先连接这两条曲线；单击"应用"按钮完成操作，曲线上所选的部分将从曲线上删除。

【学习检测】

（1）建模中可创建哪些基本实体？

（2）建模中可创建哪些表面？

（3）建模中可创建哪些曲线？

（4）如何修改相关的参数？

（5）对所创建的模型完成 CAD 相关操作。

（6）利用"修改曲线"功能完成修改曲线操作。

【学习记录】

学习记录单					
姓名		学号		日期	
学习项目：					
任务：				指导老师：	

【考核评价】

"任务 3.1 创建和设置基本模型"考核表

姓名		学号			日期	年　　月　　日	
类别	项目	考核内容	得分	总分		评分标准	签名
理论	知识准备 （100分）	建模中可创建哪些基本实体？（10分）				根据完成情况和质量打分	
		建模中可创建哪些基本曲面？（10分）					
		"CAD 操作"选项卡有哪些功能？进行说明（50分）					
		描述"修改曲线"功能（30分）					

类别	项目	考核内容	得分	总分	评分标准	签名
实操	技能要求（50分）	能熟练创建实体、表面和曲线			1. 能完成该任务的所有技能项，得满分； 2. 只能完成该任务的一部分技能项，根据情况扣分； 3. 不能正确操作则不得分	
		能熟练使用"CAD操作"选项卡创建不规则模型				
		能熟练设定模型的相关参数				
		能熟练使用"修改曲线"功能				
	任务完成情况	完成□/未完成□				
	完成质量（40分）	工艺及熟练程度（20分）			1. 任务"未完成"，此项不得分； 2. 任务"完成"，根据完成情况打分	
		工作进度及效率（20分）				
	职业素养（10分）	安全操作、团队协作、职业规范、强国责任等			1. 未发生操作安全事故； 2. 未发生人身安全事故； 3. 符合职业操作规范； 4. 具有团队意识	
评分说明						
备注	1. 该考核表原则上不能出现涂改现象，否则必须在涂改处签名确认； 2. 该考核表作为学生学习过程考核的标准					

项目三　工业机器人工具的创建

【学习总结】

_____

_____

_____

_____

_____

_____

_____

_____

_____

_____

_____

_____

任务 **3.2** 使用测量工具

【知识储备】

一、测量垛板的长度

使用"点到点"功能可测量直线边界或直线的长度。选择"捕捉末端"工具，在"建模"选项卡中，单击"点到点"按钮，按照图 3.2.1 所示分别单击 A 角点和 B 角点。

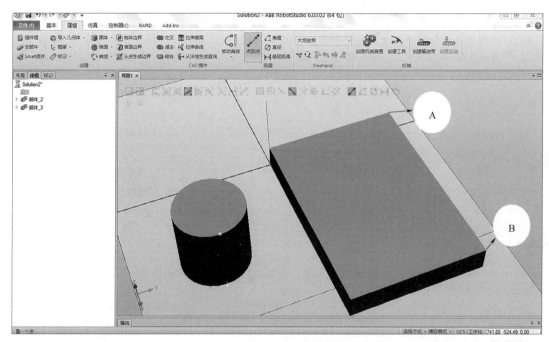

图 3.2.1　点到点测量

垛板长度的测量结果如图 3.2.2 所示（直接在界面中显示）。

二、测量锥体顶角的角度

在"建模"选项卡中，单击"角度"按钮，按照图 3.2.3 所示分别单击 A 角点、B 角点和 C 角点。需注意的是，选取的 3 个角点中，第 1 个角点为测量角的顶点。

锥体顶角角度的测量结果如图 3.2.4 所示（直接在界面中显示）。

三、测量圆柱体的直径

根据三点确定圆的理论，在圆周上任选三点，即可测量该圆周的直径。选择"捕捉边缘"工具，在"建模"选项卡中，单击"直径"按钮，按照图3.2.5所示任意单击圆周上的A点、B点和C点。

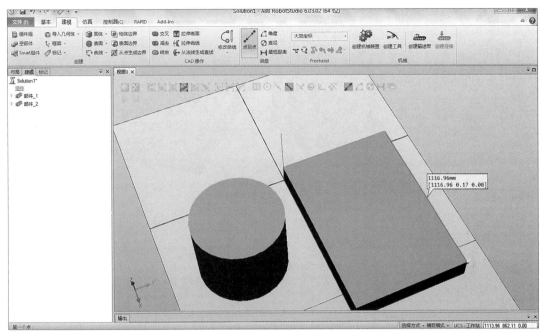

图 3.2.2 "点到点"测量结果

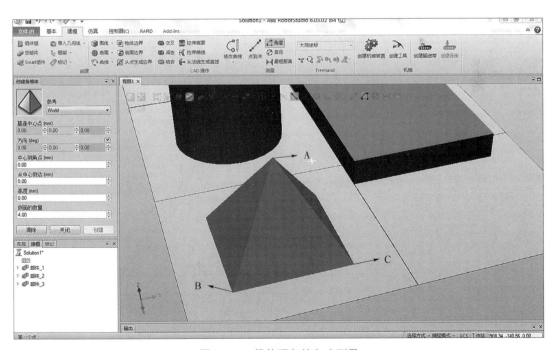

图 3.2.3 锥体顶角的角度测量

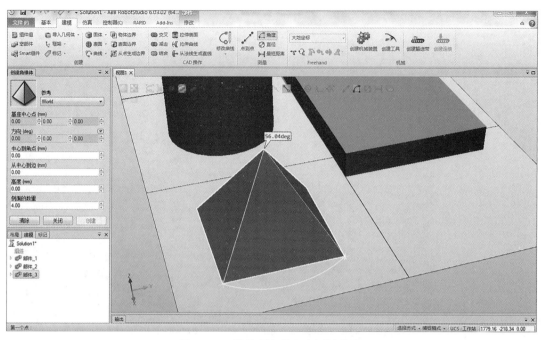

图 3.2.4　锥体顶角的角度测量结果

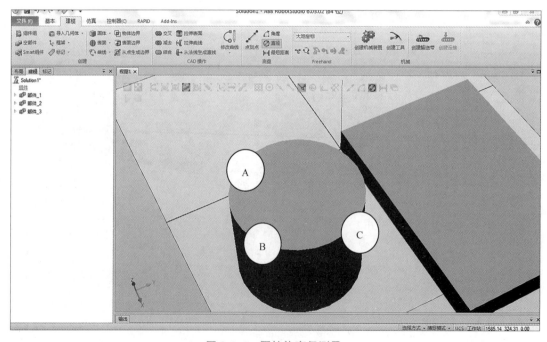

图 3.2.5　圆柱体直径测量

圆柱体直径的测量结果如图 3.2.6 所示（直接在界面中显示）。

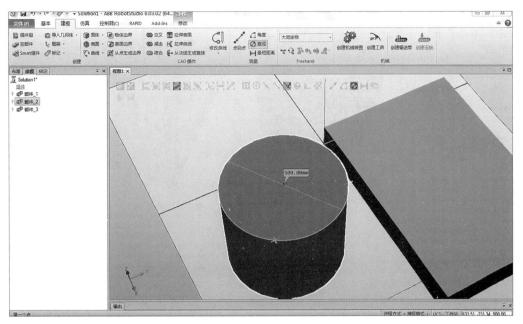

图 3.2.6　圆柱体直径的测量结果

项目三　工业机器人工具的创建

四、测量两个物体间的最短距离

在"建模"选项卡中单击"最短距离"按钮，可测量两个三维实体之间的最短距离，按照图 3.2.7 所示任意单击锥体上的 A 点和矩形体上的 B 点。

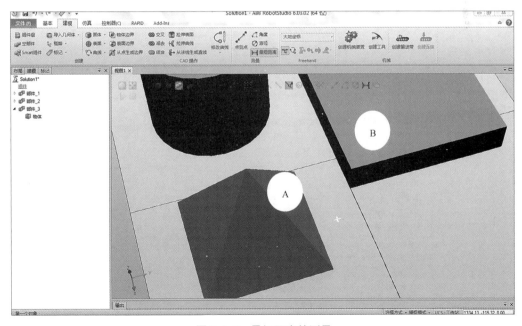

图 3.2.7　最短距离的测量

最短距离的测量结果如图 3.2.8 所示（直接在界面中显示）。

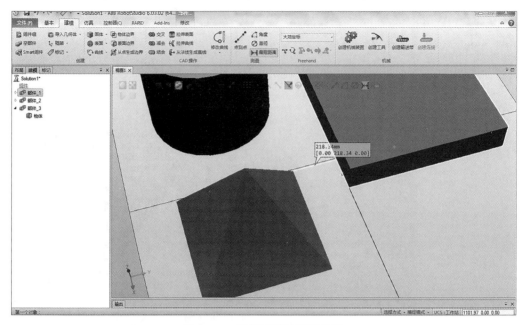

图 3.2.8　最短距离的测量结果

五、测量的技巧

在测量时，要选择视图上方合适的捕捉工具，如"选择部件""捕捉圆心""捕捉端点"等，如图 3.2.9 所示。

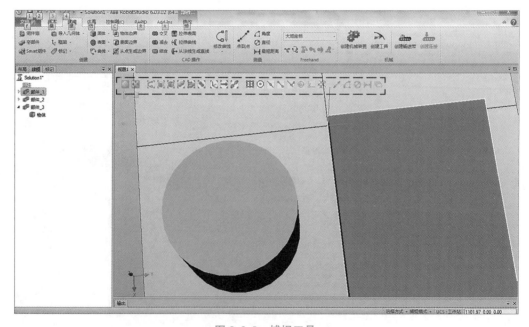

图 3.2.9　捕捉工具

拓展训练任务：按照图3.2.10所示创建钟摆模型，并通过查看和修改其"物理特性"，完成钟摆运动的功能演示。

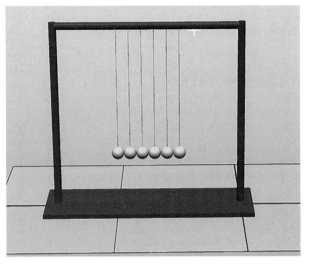

图 3.2.10　钟摆模型

【学习检测】

（1）RobotStudio 软件中提供了哪些测量工具？

（2）熟练并灵活地使用测量工具。

学习记录单					
姓名		学号		日期	
学习项目：					
任务：				指导老师：	

【考核评价】

“任务 3.2 使用测量工具”考核表

姓名		学号			日期	年　月　日	
类别	项目	考核内容		得分	总分	评分标准	签名
理论	知识准备 （100分）	测量工具可测量哪些数据？ （20分）				根据完成情况和质量打分	
		如何测量锥体顶角的角度？ （20分）					
		如何测量两物体间的最短距离？（30分）					
		如何灵活选择捕捉工具？ （30分）					
实操	技能要求 （50分）	能熟练测量两点间的距离				1. 能完成该任务的所有技能项，得满分； 2. 只能完成该任务的一部分技能项，根据情况扣分； 3. 不能正确操作则不得分	
		能熟练测量两点间的夹角					
		能熟练测量圆周的直径					
		能熟练测量两物体间的距离					
	任务完成情况	完成□/未完成□					
	完成质量 （40分）	工艺及熟练程度（20分）				1. 任务“未完成”，此项不得分； 2. 任务“完成”，根据完成情况打分	
		工作进度及效率（20分）					
	职业素养 （10分）	安全操作、团队协作、职业规范、强国责任等				1. 未发生操作安全事故； 2. 未发生人身安全事故； 3. 符合职业操作规范； 4. 具有团队意识	
评分 说明							
备注	1. 该考核表原则上不能出现涂改现象，否则必须在涂改处签名确认； 2. 该考核表作为学生学习过程考核的标准						

【学习总结】

_____
_____
_____
_____
_____
_____
_____
_____
_____
_____
_____
_____

任务 3.3　创建机械装置

【知识储备】

一、创建滑台滑块模型

机械设备运行时，一些部件甚至其本身可进行不同形式的机械运动。在工业机器人工作站中，需要其他外围设备和工业机器人配合才能实现无人化的工作过程。为了更好地展示动作，可为工业机器人周边的设备模型制作动画效果，如输送带、夹具和滑台等，这里以创建简单的滑台滑块模型为例开展学习，如图 3.3.1 所示。

在"建模"选项卡中，选择"固体"→"矩形体"选项，打开参数输入界面。"角点"和"方向"代表建立模型时矩形体基准点相对大地原点的方位关系，设置长度：2 000 mm，宽度为 500 mm，高度为 100 mm，然后单击"创建"按钮，完成滑台模型的创建，如图 3.3.2 所示。

在左侧列表中生成了默认名称为"部件_1"的文件，用鼠标右键单击该文件，在弹出的快捷菜单中选择"设定颜色"命令，将其修改成黄色，如图 3.3.3 所示。

创建滑块模型，按照滑块的数据进行参数输入——角点：$Y = 50$ mm、$Z = 100$ mm，长度：400 mm，宽度：400 mm，高度：100 mm，然后单击"创建"按钮，如图 3.3.4 所示。

在左侧列表中生成了默认名称为"部件_2"的文件，用鼠标右键单击该文件，将滑块的颜色设定为绿色，如图 3.3.5 所示。

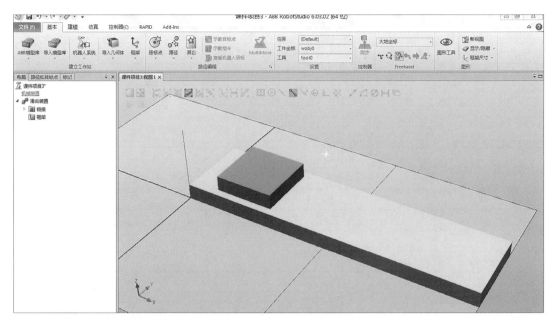

图 3.3.1　滑台滑块模型

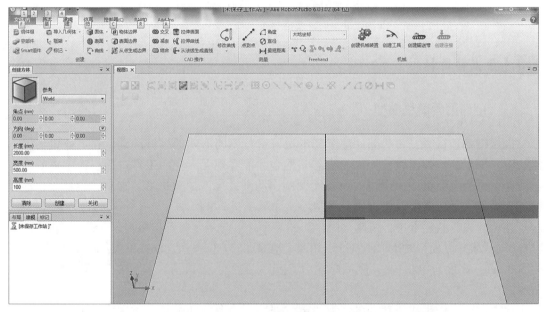

图 3.3.2　创建滑台模型

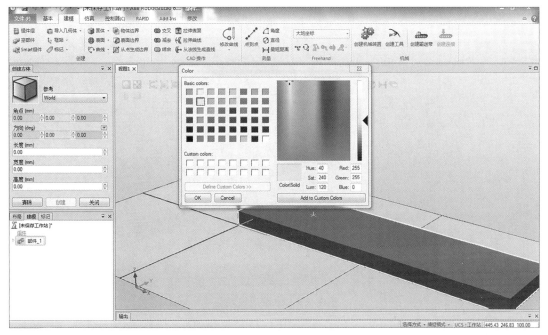

图 3.3.3　修改滑台颜色

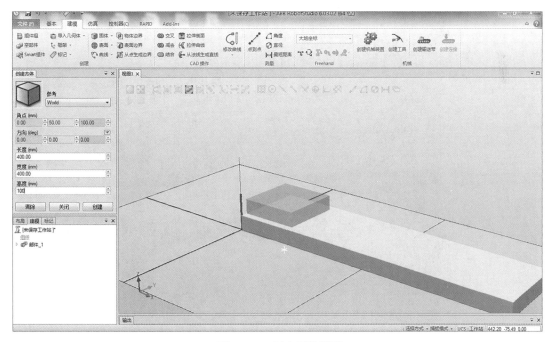

图 3.3.4　创建滑块模型

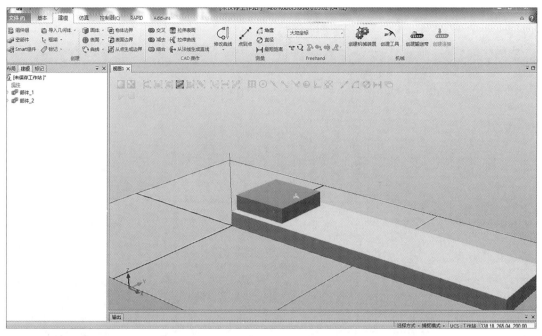

图 3.3.5　修改滑块颜色

在左侧列表中分别双击两个模型，将两个模型重命名为"滑台"和"滑块"，以方便后期能够识别判断，如图 3.3.6 所示。

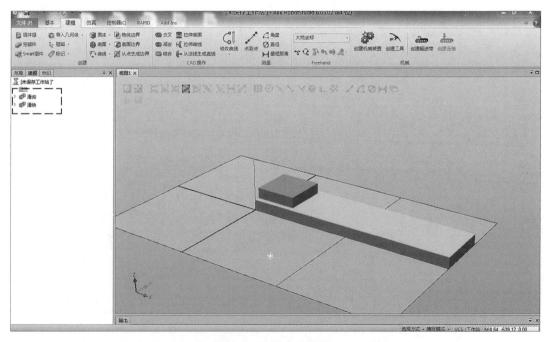

图 3.3.6　重命名模型

二、创建滑台滑块机械装置

在"建模"选项卡中单击"创建机械装置"按钮，在"机械装置模型名称"文本框中输入"滑台装置"，在"机械装置类型"下拉列表中选择"设备"选项，如图 3.3.7 所示。

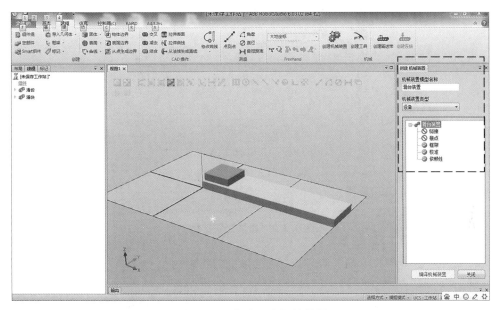

图 3.3.7　创建滑台机械装置

1. 添加链接

链接包括父链接和子链接，代表机械设置中静止和相对运动部件的设置。双击"链接"进行设置，在弹出的对话框中，在"所选部件"下拉列表中选择"滑台"选项，勾选"设置为 BaseLink"复选框，单击"添加部件"按钮，单击"应用"按钮，完成对滑台链接的添加，如图 3.3.8 所示。

图 3.3.8　添加滑台链接

继续添加滑块链接，修改"链接名称"为"L2"；在"所选部件"下拉列表中选择"滑块"选项，单击"添加部件"按钮，然后单击"确定"按钮，完成对滑块链接的添加，如图3.3.9所示。

图 3.3.9　添加滑块链接

设置完成后，单击"取消"按钮，回到"创建 机械装置"界面，可查看已添加完成的链接，如图3.3.10所示。

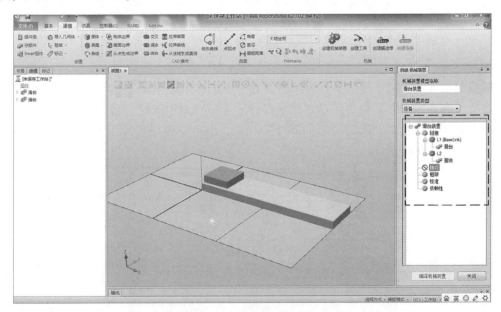

图 3.3.10　链接添加完成

2. 添加接点

接点主要设置机械装置的关节类型、关节轴及关节工作范围等内容。双击"接点"，在弹出的对话框中，在"关节类型"区域单击"往复的"单选按钮；"关节轴"代表该关节运行的方向，首先激活"选择"工具和"捕捉末端"工具，单击"第一个位置"的第一个输入框，如图 3.3.11 所示。

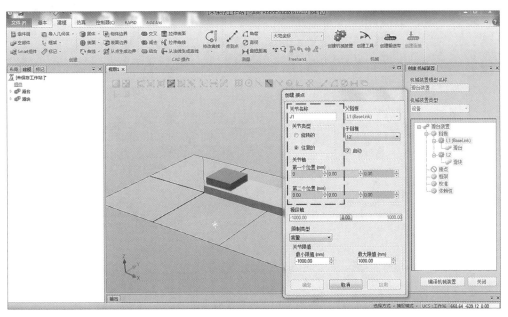

图 3.3.11　添加接点

分别单击视图中滑台的 A 点和 B 点（代表由 A 点到 B 点为运行正方向），如图 3.3.12 所示。

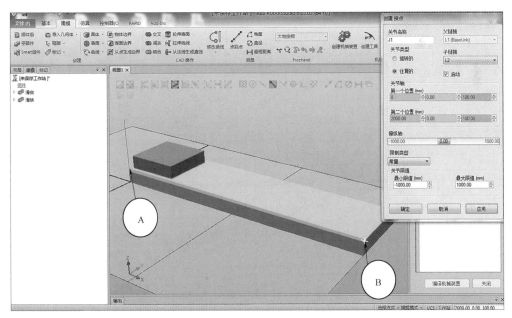

图 3.3.12　捕捉关节点

运动的参考方向轴数据已自动添加到"关节轴"区域的输入框中。在"关节限值"区域，限定运动范围——最小限值：0 mm、最大限值：1 500 mm，该数据需要符合实际尺寸，不能超出滑台的最大长度（图 3.3.13），设定完成后单击"确定"按钮，完成接点的添加。

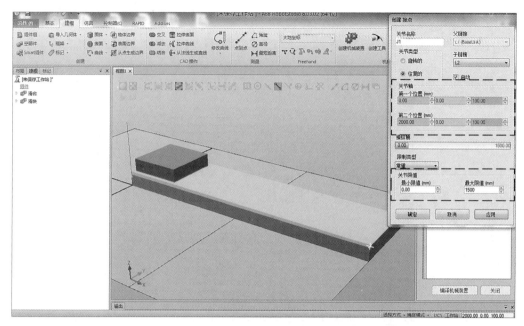

图 3.3.13　设置关节限值

3. 编译机械装置

完成链接和接点的添加后，需要对所创建的机械装置进行编译，以便添加姿态和姿态间转换时间。双击"创建 机械装置"选项卡，如图 3.3.14 所示。

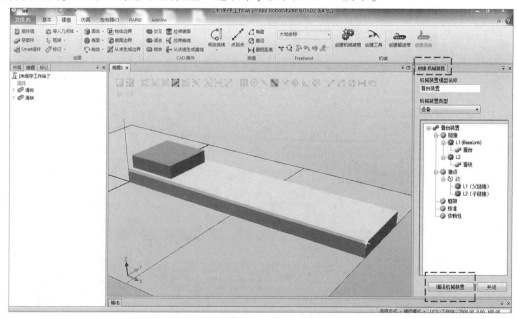

图 3.3.14　双击"创建 机械装置"选项卡

在弹出的对话框中，单击下方的"编译机械装置"→"添加"按钮，以添加滑块两个姿态的位置数据，如图 3.3.15 所示。

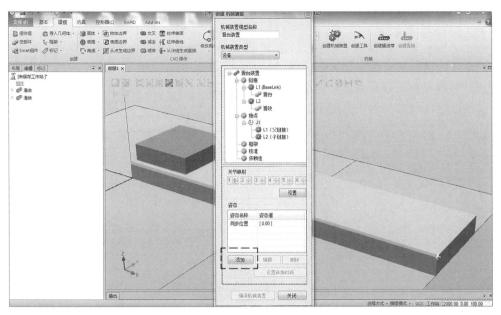

图 3.3.15　添加姿态的位置数据

在创建姿态界面中，分别将滑块手动拖动到"0"和"1 500"的位置，并输入不同的姿态名称，然后分别单击"确定"按钮，完成两个姿态的位置数据的添加；单击下方的"设置转换时间"按钮，在这里设定滑块在两个姿态之间转换所经历的时间，完成后单击"确定"按钮，如图 3.3.16 所示。

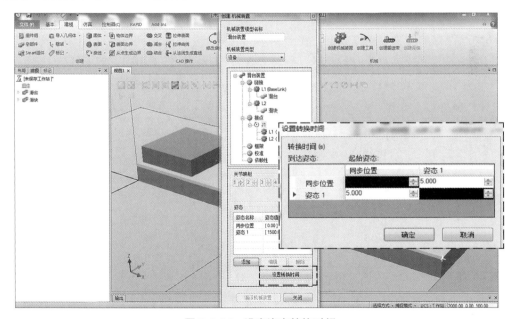

图 3.3.16　设定姿态转换时间

设定完成后，打开"建模"选项卡，选择"手动关节"选项，在视图中用鼠标拖动滑块就可以看到滑块在滑台上的相对运动。

三、保存为库文件

创建好的机械装置可保存为库文件,以方便下次使用时直接调用。在左侧列表的"滑台"机械装置上单击鼠标右键,选择"保存为库文件"命令,可将该机械装置保存为库文件,以便以后在别的工作站中调用,如图3.3.17所示。

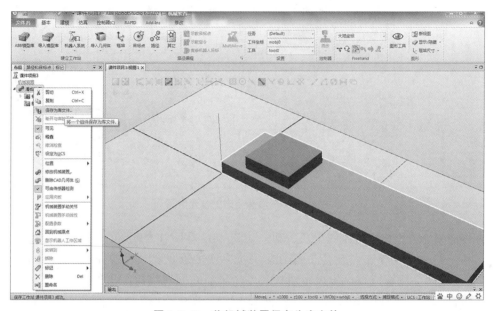

图 3.3.17　将机械装置保存为库文件

添加已保存的库文件操作如下:在"基本"选项卡中,选择"导入模型库"→"浏览库文件"命令,找到库文件保存的目录即可将库文件加载到软件视图中,如图3.3.18所示。

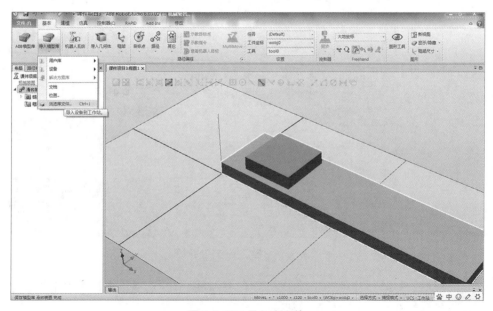

图 3.3.18　导入库文件

【学习检测】

（1）机械装置创建类型有哪些？

（2）指出设置接点和链接的含义。

【学习记录】

<table>
<tr><td colspan="6" align="center">学习记录单</td></tr>
<tr><td>姓名</td><td></td><td>学号</td><td></td><td>日期</td><td></td></tr>
<tr><td colspan="6">学习项目：</td></tr>
<tr><td colspan="4">任务：</td><td colspan="2">指导老师：</td></tr>
<tr><td colspan="6" height="400"></td></tr>
</table>

【考核评价】

"任务 3.3 创建机械装置"考核表

姓名		学号			日期		年　　月　　日	
类别	项目		考核内容	得分	总分		评分标准	签名
理论	知识准备（100分）		滑台滑块的机械特性是什么？（20分）				根据完成情况和质量打分	
			机械装置有哪些创建类型？（30分）					
			指出设置接点和链接的含义（50分）					

续表

类别	项目	考核内容		得分	总分	评分标准	签名
实操	技能要求 （50分）	能熟练创建滑台滑块模型				1. 能完成该任务的所有技能项，得满分； 2. 只能完成该任务的一部分技能项，根据情况扣分； 3. 不能正确操作则不得分	
		能正确选择机械装置类型					
		能正确创建接点和链接					
		能正确演示已创建的机械装置					
	任务完成情况	完成□/未完成□					
	完成质量 （40分）	工艺及熟练程度（20分）				1. 任务"未完成"，此项不得分； 2. 任务"完成"，根据完成情况打分	
		工作进度及效率（20分）					
	职业素养 （10分）	安全操作、团队协作、职业规范、强国责任等				1. 未发生操作安全事故； 2. 未发生人身安全事故； 3. 符合职业操作规范； 4. 具有团队意识	
评分说明							
备注	1. 该考核表原则上不能出现涂改现象，否则必须在涂改处签名确认； 2. 该考核表作为学生学习过程考核的标准						

【学习总结】

任务 3.4   创建工业机器人工具

面对不同的工作对象、不同的行业应用以及不同的工艺，工业机器人所使用的工具完全不同，因此，在实际生产中，需要根据工作情况单独设计工业机器人所用的工具（这里称为非标设计），常见的有吸盘、夹爪、焊枪、喷枪等。在离线仿真中，同样需要不同的工具完成相应的工作，因此，本任务学习如何将建立的模型创建成符合工业机器人工作要求的"工具"。

一、工具安装原理

在构建工业机器人工作站时，工业机器人法兰盘末端会安装用户自定义的工具，希望该工具能像 RobotStudio 模型库中的工具一样，能够自动安装到工业机器人法兰盘末端并保证坐标方向一致，同时能够在工具的末端自动生成工具坐标系，从而避免工具方面的仿真误差。

本任务学习如何将导入的三维工具模型创建成具有工业机器人工作站特性的工具（Tool）。

工作原理：工具模型的本地坐标系与工业机器人法兰盘坐标系 Tool0 重合，工具末端的工具坐标系框架即工业机器人的工具坐标系，因此需要对此工具模型做两步处理。

首先，在工具法兰盘端创建本地坐标系框架（即本地原点）；其次，在工具末端创建工具坐标系框架，使其具有工具坐标系的功能。这样自建的工具就具有了与模型库中默认的工具同样的属性。

用户自定义的三维模型由不同的三维绘图软件绘制而成，并转换成特定的文件格式导入 RobotStudio 软件，导入的模型会出现图形特征丢失的情况，因此在 RobotStudio 中进行图形处理时，需要考虑一些相关性以处理某些关键特征。在多数情况下可以采用变向的方式得到同样的处理效果。

二、设定工具本地原点

在"基本"选项卡中选择"导入几何体"→"浏览几何体"命令，导入要用到的工具模型，名称为"tGlueGun"。需要在导入的工具模型上创建能够与工业机器人法兰盘坐标系 Tool0 重合的本地坐标系，即本地原点。

1. 放置模型到大地坐标系中

首先放置工具模型的位置，使其安装工业机器人法兰盘所在的面与大地坐标系正交（即与 Tool0 中 X、Y 轴平行于法兰盘），以便于处理坐标系的方向。

工业机器人 Tool0 的 X 轴与 Y 轴是平行于法兰盘的，为了能够重合，需要设定工具模型的本地原点 X、Y 轴平行于工具模型法兰盘，因此，使用"放置"的方法，先将工具模型法兰盘所在平面放置为平行或重合于地板的姿态，也就是平行于大地坐标系的 X 轴与 Y 轴所确定的平面。

打开"布局"窗口，在"tGlueGun"上单击鼠标右键，选择"位置"→"放置"→"两点"选项（说明：根据工具模型的结构复杂程度和导入后的原始姿态，适当选取"两点"或"三点法"选项），如图 3.4.1 所示。

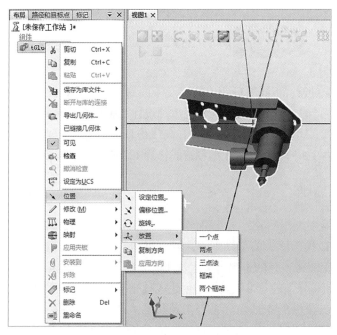

图 3.4.1　用两点法放置工具模型

在上方选取"捕捉中心点"工具，调整工具模型视角，按照图 3.4.2 所示分别捕捉放置点，其中"主点-从"为模型上将要放置的主点，"主点-到"设为（0.00, 0.00, 0.00），即将该主点放置在大地坐标系中心位置；"X 轴上的点-从"为模型上的点，该点和放置的主点连线为 X 轴方向，"X 轴上的点-到"设为（10.00, 0.00, 0.00），这里的 10 不代表具体的数据，只保证该方向对应 X 轴正方向。设定完成后，单击"应用"和"关闭"按钮。

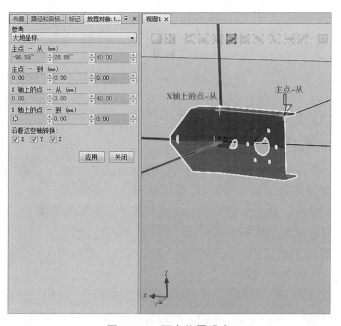

图 3.4.2　两点位置设定

此时，会在视图中看到工具模型的"主点－从"被放置到大地坐标系原点位置，且"主点－从"和"X轴上的点－从"连线方向为大地坐标系的 X 轴方向，如图 3.4.3 所示。

2. 设定法兰盘中心为本地原点

法兰盘中心点并不在大地坐标系原点位置，因此，需要通过"设定本地坐标系原点"和"设定位置"功能，将法兰盘中心点调整到大地坐标系原点位置。

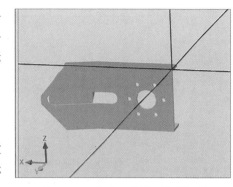

图 3.4.3　完成工具模型位置调整

用鼠标右键单击该模型名称并选择"设定本地原点"命令，打开本地原点参数设置窗口，单击上方的"捕捉圆心"工具，调整法兰盘中心点位置至合适视角，单击该输入框后选中法兰盘中心点位置，并在左上角窗口中将"方向"都设为"0"，单击"应用"按钮并关闭该窗口，如图 3.4.4 所示。

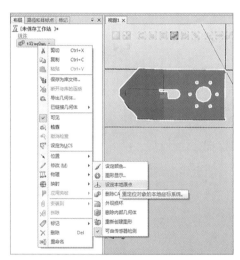
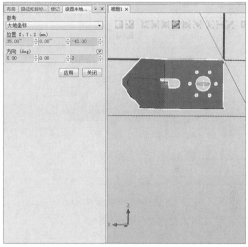

图 3.4.4　设置本地原点参数

此时会在法兰盘中心点位置生成一个直角坐标系，这样本地原点已初步设定完成，如图 3.4.5 所示。

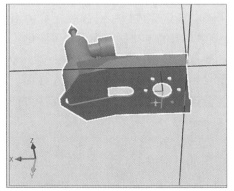

图 3.4.5　本地原点初步设定完成

在此基础上，对该中心点利用"设定位置"命令，将其移动到大地坐标系原点位置。如图 3.4.6 所示，在弹出的设定对话框中，将 X、Y、Z 三个点坐标值均改为 0。

设定完成后，工具模型法兰盘中心点和大地坐标系原点重合，如图 3.4.7 所示。此时，可以查看该工具模型安装后的姿态，如图 3.4.8 所示。工具模型法兰盘连接面同工业机器人法兰盘连接面处于垂直状态，因此，需要对该工具模型法兰盘连接面进行进一步的调整。

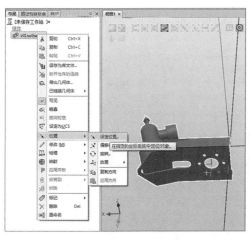
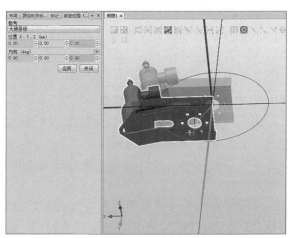

图 3.4.6　设定该中心点至大地坐标系原点位置

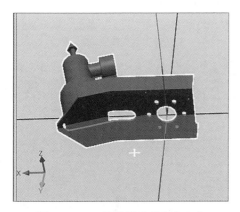

图 3.4.7　工具模型法兰盘中心点
与大地坐标系原点重合

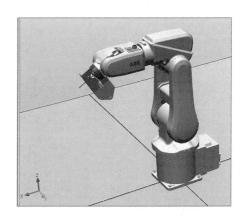

图 3.4.8　安装预览

3. 调整工具模型姿态

图 3.4.9　工具模型法兰盘连接面与
大地坐标系的 *XOY* 面重合

回到图 3.4.7 所示的工具模型，首先通过旋转，将工具模型法兰盘连接面同大地坐标系的 *XOY* 面重合，如图 3.4.9 所示，然后对该中心点重新设定本地原点，在弹出的对话框中，将"方向"中的所有数据均修改为"0"，设定完成后，对比图 3.4.10 和图 3.4.9 可以看出，该中心点的 *Y* 坐标方向发生了变化。

重新设定本地原点后，将该工具模型安装到工业机器人上，通过预览发现，该工具模型法兰盘连接面已经与工业机器人法兰盘连接面重合，但是工具连接方向发生了 180° 的旋转，如图 3.4.11 所示。因此，下一步需要回到图 3.4.10，对该模型进行 180° 的旋转，并重新设定本地原点（在弹出的对话框中，将"方向"中的所有数据均设为 0），即可完成该工具模型的本地原点设定。通过预览安装查看效果，如图 3.4.12 所示。

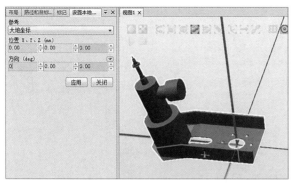

图 3.4.10 重新设定本地原点

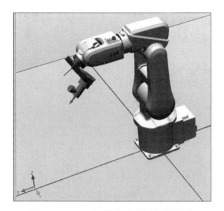

图 3.4.11 安装方向不符合要求

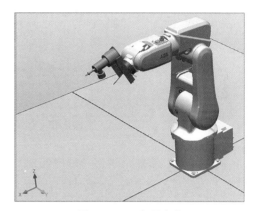

图 3.4.12 合理安装

三、创建和调整工具坐标系框架

1. 创建工具坐标系框架

在工具末端创建一个工具坐标系框架，并最终作为工业机器人的工具坐标系（说明：如果创建工具坐标系框架时需要用到"捕捉圆点"工具，而有的工具模型末端特征丢失，难以捕捉，则可以采用捕捉"表面边界"的方法，利用创建的表面边界曲线，将选择平面方式转化成选择曲线方式）。

在"建模"选项卡中，选择"框架"→"创建框架"命令，如图 3.4.13 所示。

如图 3.4.14 所示，在左侧弹出的输入框中，单击"框架位置"的第一个输入框，并在视图中选定末端的中心点，单击"创建"和"关闭"按钮。

如图 3.4.15 所示，在工具模型的 TCP 生成一个带直角坐标系的框架，发现该坐标系的 Z 轴并不垂直于工具端面，需要调整 Z 轴，使其垂直于工具端面。

按照图 3.4.16 所示，在左侧列表中，用鼠标右键单击生成的框架，选择"设定为表面的法线方向"命令，在弹出的对话框中，单击"表面或部分"的空白处，需要选取 Z 轴的垂直面，但是在该模型中，工具端部的平面丢失，不能被选取，因此，在该部分选取端部平面的平行面即可。

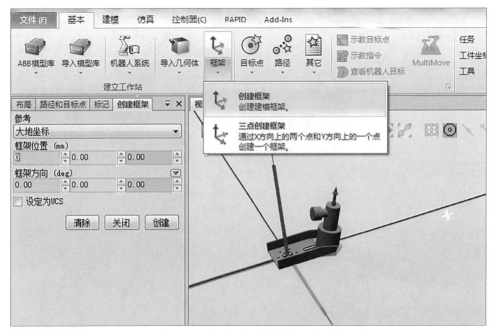

图 3.4.13　选择"创建框架"命令

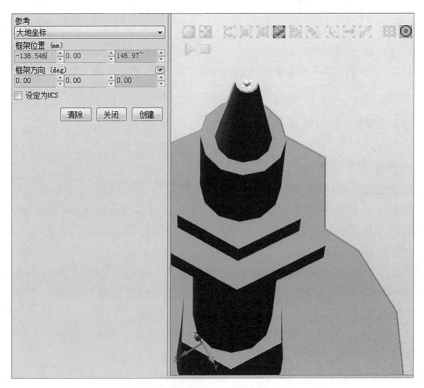

图 3.4.14　选定框架中心点

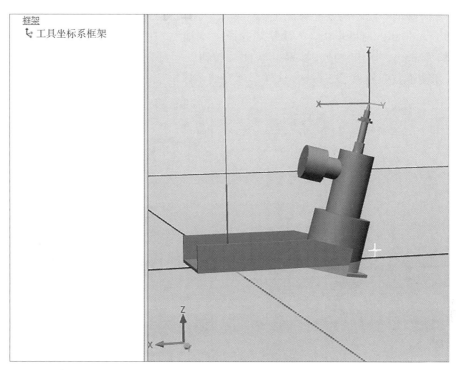

图 3.4.15　Z 轴未垂直于工具端面

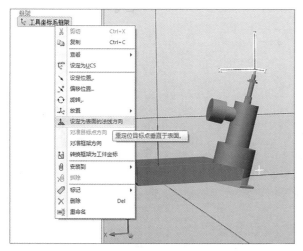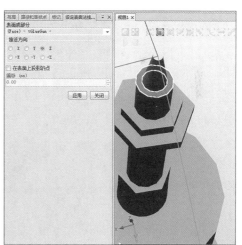

图 3.4.16　调整 Z 轴垂直于工具端面

单击"应用"和"关闭"按钮，这样就完成了该框架 Z 轴的调整，使 Z 轴垂直于工具端面，如图 3.4.17 所示。至于 X 轴和 Y 轴的方向，一般按照经验设定，在本任务中，X 轴和 Y 轴采用默认的方向即可。

2. 调整工具 TCP 的位置

在实际应用中，工具坐标系原点一般与工具末端有一段间距，如果要调整该间距，则需要对所创建的工具坐标系框架进行偏移，如图 3.4.18 所示。此处，将此框架沿着其本身的 Z 轴正方向移动一定距离就能够满足实际需要。用鼠标右键单击"工具坐标系框架",在图 3.4.19 所示弹出的对话框中,"参考"选择"本地",在 Z 轴方向上输入要偏离的距离"5"(单位为 mm),单击"应用"和"关闭"按钮,即可查看到图 3.4.20 所示的效果。该框架就在 Z 轴正方向偏移了 5 mm,这样,就完成了该框架中心点偏移的设定。

图 3.4.17 Z 轴垂直于工具端面

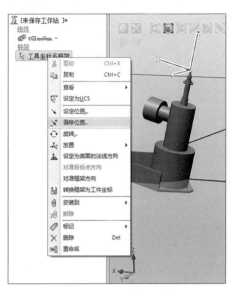

图 3.4.18 进行偏移

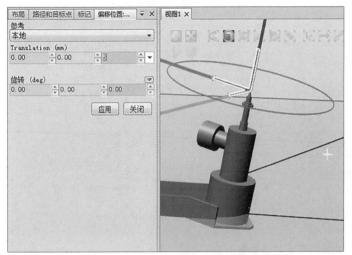

图 3.4.19 设定 Z 轴方向偏移距离

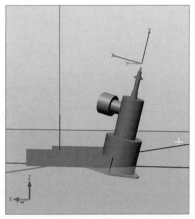

图 3.4.20 工具坐标系
中心点偏移 5 mm

四、创建工具

最后需要利用"创建工具"功能,将该工具模型转换成为可安装在工业机器人法兰盘上的工具。在"建模"选项卡中单击"创建工具"按钮,如图 3.4.21 所示。

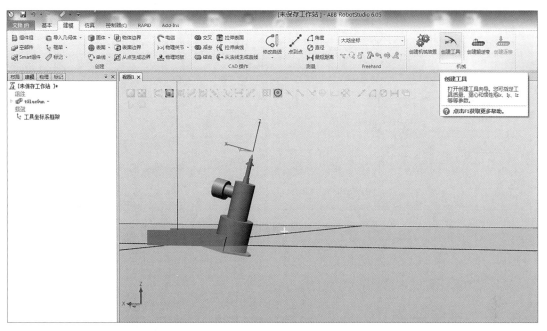

图 3.4.21　单击"创建工具"按钮

　　此处需要对所创建的工具进行设置。如图 3.4.22 所示，在弹出的第一个对话框中，"Tool 名称"选择部件"tGlueGun"；在"选择组件"区域单击"使用已有的部件"单选按钮，并选取部件"tGlueGun"；载荷数据按照实际输入（如果是真实的工具，需要输入实际的质量）。单击"下一个"按钮。

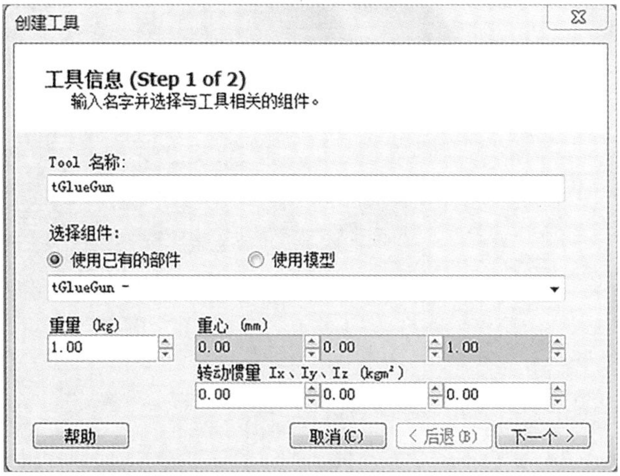

图 3.4.22　选择和修改需创建的工具模型

　　在图 3.4.23 所示的下一个对话框中，"TCP"文本框中输入"Gun"，"取值来自目标点框架"选择"工具坐标系框架"；单击导入按钮，将 TCP 添加到右侧窗口。单击"完成"按钮。

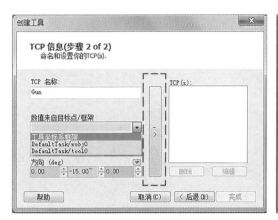

图 3.4.23　加载工具坐标系框架

此时在图 3.4.24 所示界面的左侧列表中，发现"tGlueGun"前面的图标已变成工具图标，这样就完成了将工具模型创建成具有工具坐标系的工具的操作。

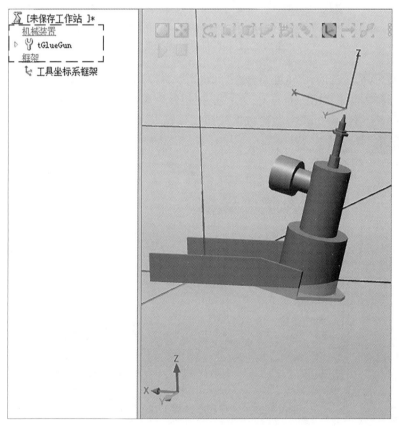

图 3.4.24　工具创建完成

接下来将工具安装到工业机器人法兰盘，来验证所创建的工具是否能够满足要求，并通过创建工业机器人系统，查看所创建的工具坐标系，如图 3.4.25 所示。

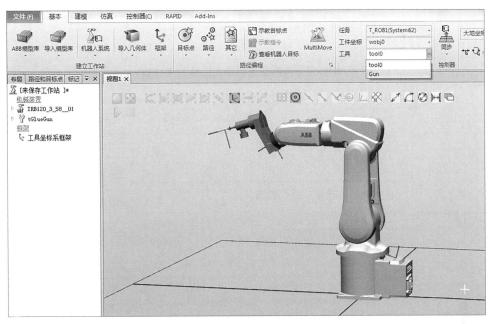

图 3.4.25　安装工具至工业机器人法兰盘

【学习检测】

（1）工具安装的工作原理是什么？

（2）为什么要实施"创建本地原点"操作？

（3）在创建工具时，工具坐标系用什么表达？

（4）在创建工具操作中需要设置哪些属性？

（5）写出将模型创建成工具的操作步骤。

【学习记录】

学习记录单					
姓名		学号		日期	
学习项目：					
任务：				指导老师：	

【考核评价】

"任务 3.4 创建工业机器人工具" 考核表

姓名		学号		日期		年　　月　　日	
类别	项目	考核内容	得分	总分	评分标准		签名
理论	知识准备 (100分)	工具安装的工作原理是什么？(20分)			根据完成情况和质量打分		
		在创建工具操作中需要设置哪些属性？(30分)					
		写出将模型创建成工具的操作步骤 (50分)					
实操	技能要求 (50分)	能熟练地创建工具本地原点			1. 能完成该任务的所有技能项，得满分； 2. 只能完成该任务的一部分技能项，根据情况扣分； 3. 不能正确操作则不得分		
		能熟练地创建工具坐标系框架					
		能熟练地编辑工具相关属性					
		能熟练地将不同形状和特征的模型创建成工具					
	任务完成情况	完成□/未完成□					
	完成质量 (40分)	工艺及熟练程度 (20分)			1. 任务"未完成"，此项不得分； 2. 任务"完成"，根据完成情况打分		
		工作进度及效率 (20分)					
	职业素养 (10分)	安全操作、团队协作、职业规范、强国责任等			1. 未发生操作安全事故； 2. 未发生人身安全事故； 3. 符合职业操作规范； 4. 具有团队意识		
评分说明							
备注	1. 该考核表原则上不能出现涂改现象，否则必须在涂改处签名确认； 2. 该考核表作为学生学习过程考核的标准						

【学习总结】

在工业机器人实际工作中，在完成图4.0.1所示的涂胶、打磨、弧焊等工艺时，其运行的曲线轨迹一般为不规则形状，如果按照单个点位示教的方法编程操作，可能需要示教上百甚至上千个工作点才能接近曲线轨迹的大体形状，不但费时费力，而且精度和效率均较低。此时，可以考虑将实际的工作曲线导入工作模型，应用离线仿真技术一次性生成工业机器人不规则曲线的工作路径，然后微调部分不合理的点位姿态，从而完成生产项目。坚持问题导向，建立满足实际生产要求的不规则轨迹离线仿真功能，确保安全至上、人民至上的理念，突出原创，鼓励自由探索，在保证安全生产的前提下训练创新意识。

图4.0.1 不规则轨迹工艺

学习说明

在工业机器人实际应用中（如切割、涂胶、焊接等），常需要处理一些不规则曲线，通常的做法是采用描点法，即根据工艺精度要求去示教相应数量的目标点，从而生成工业机器人的轨迹，这种方法费时费力且不容易保证轨迹精度。因此，本项目结合不规则轨迹路径的生成、输送带跟踪仿真、多轨迹运行、创建带导轨的工业机器人离线仿真等任务，作为对不规则轨迹项目学习的知识储备，并使用辅助工具对工业机器人运行过程实施安全监测，在激发创新的同时注重对安全生产意识的培养。本项目的思维导图如图4.0.2所示。

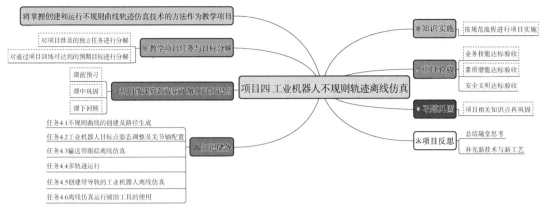

图 4.0.2　项目四的思维导图

教学目标

知识目标：

（1）掌握创建工业机器人不规则轨迹和轨迹曲线路径的方法；

（2）掌握工业机器人目标点调整的方法；

（3）掌握工业机器人关节轴参数的调整方法；

（4）掌握在离线仿真中组合并运行多条路径的方法；

（5）掌握工业机器人离线轨迹编程辅助工具的使用方法。

能力目标：

（1）能合理生成工业机器人多条轨迹曲线路径（手动和自动）；

（2）能正确调整工业机器人的目标点和轴参数配置；

（3）能合理调整工业机器人运行中的基本故障；

（4）能创建和运行 main 程序，同时完成 2 条符合实际的工业机器人焊弧轨迹。

（5）能利用辅助工具，查看工业机器人在仿真运行中的不足，并加以修正。

素质目标：

（1）具有质量意识、环保意识、安全意识、信息素养、创新思维；

（2）注重团队协作和分工；

（3）具有工匠意识及职业素养；

（4）具有一定的审美和人文素养。

视频资源

与本项目相关的视频资源如表 4.0.1 所示。

表 4.0.1　项目四视频资源列表

序号	任务	资源名称	二维码	序号	任务	资源名称	二维码
1	不规则曲线的创建及路径生成	创建机器人离线轨迹曲线及路径	二维码1	4	多轨迹运行	多轨迹运行	二维码7
						多轨迹运行演示	二维码8
2	工业机器人目标点姿态调整及关节轴配置	轨迹优化（修改目标点姿态）	二维码2	5	离线仿真运行辅助工具的使用	碰撞监控	二维码9
		轴配置参数调整	二维码3				
		仿真设定和运行	二维码4				
		拓展任务 滚筒涂胶模拟演示	二维码5			监控和记录仿真过程	二维码10
3	输送带跟踪仿真	输送带跟踪仿真结果演示	二维码6			碰撞检测和TCP跟踪	二维码11

二维码1　　　　二维码2　　　　二维码3　　　　二维码4　　　　二维码5　　　　二维码6

二维码7　　　　二维码8　　　　二维码9　　　　二维码10　　　　二维码11

项目实施

　　本项目的具体实施过程是：学生组内讨论并填写讨论记录单→根据学习的能力储备内容实施本项目→学生代表发言，汇报项目实施过程中遇到的问题→评价→学生对项目进行总结反思→巩固训练→师生共同归纳总结。

　　学生分组实施项目。本项目的具体任务如下。

　　（1）利用"自动路径"方法创建工业机器人运行路径；

　　（2）调整工业机器人目标点的位置，保证工具方向符合实际生产要求；

　　（3）配置工业机器人各关节轴的姿态，保证工业机器人在运行中以舒适姿态为主；

　　（4）合理仿真运行，通过碰撞检测和TCP跟踪的方法实现工作过程调试。

　　操作步骤如下。

　　（1）查看模型中的轨迹是否可用曲线表示，否则需要创建该轨迹曲线；

（2）在已有曲线的基础上，利用"自动路径"的方法创建工业机器人运行路径；

（3）修改工业机器人工具目标点的位姿，使工具在每个位置点均符合实际生产工艺要求；

（4）修改工业机器人的各关节轴姿态，保证工业机器人在运行中以舒适姿态为主；

（5）创建 main 程序，并按照顺序在 RAPID 中完成对 main 程序的设置。

（6）新建"碰撞检测"和"TCP 跟踪"辅助功能，并应用到该项目中。

项目验收

对项目四各项任务的完成结果进行验收、评分，对合格的任务进行接收。本项目学生的成绩主要从项目课前学习的资料查阅报告完成情况（10%）（表 4.0.2）、操作评分表（70%）、平时表现（10%）和职业及安全操作规范（10%）等 4 个方面进行考核。

表 4.0.2　操作评分表

任务	技术要求	分值	评分细则	自评分	备注
生成工业机器人离线轨迹曲线路径	能够熟练运用"自动路径"的方法生成复杂轨迹曲线路径	5	能查看已生成的不规则路径		
调整工业机器人目标点及配置关节轴参数	（1）能熟练调整工业机器人目标点； （2）能合理配置关节轴参数； （3）能完善程序并仿真运行	15	保证工业机器人工具姿态合理并能仿真运行不规则轨迹		
进行输送带跟踪仿真	掌握各目标点所在的坐标系	15	能合理规划动态轨迹		
创建 main 程序	能完成 main 程序的创建、修改和仿真运行	15	（1）能将多条轨迹融合； （2）掌握 main 程序的使用方法		
创建带导轨的工业机器人离线仿真	能使导轨合理配合工作过程	10	能正确建立导轨和工作点的配合关系		
离线编程辅助工具	（1）学会碰撞检测功能的使用方法 （2）学会 TCP 跟踪功能的使用方法	10	能合理使用两个辅助工具实施过程辅助		
安全操作	符合上机实训操作要求	15	违反安全文明操作，视情况扣 5~10 分		
职业素养	具有爱国情怀和创新意识	15	能说出在实际中，不规则轨迹的行业应用，拓展工业机器人应用范围		

项目工单

在项目实施环节，学习者需按照表 4.0.3 所示学习工作单的栏目做好记录和说明，作为对项目四实施过程的记录，并为下一项目的交接和实施提供依据。

表 4.0.3　"项目四 工业机器人不规则轨迹离线仿真"学习工作单

姓名		班组		日期	年　月　日
准备情况	工业机器人不规则轨迹创建思路：				需说明的情况：
	工业机器人在位置点合理姿态的描述、奇异点的说明：				
	工业机器人位置点的修改、主程序和子程序的创建与调用：				
	碰撞检测和 TCP 跟踪的辅助检测方法：				
实施说明	利用"自动路径"方法创建 2 条焊接轨迹：				需说明的情况：
	修改工具和工业机器人位置姿态，保证工作位置点无故障：				
	创建 main 程序、两个子程序并对其进行调用：				
	合理利用碰撞检测和 TCP 跟踪功能：				
完成情况	已建立完成 2 条符合实际的工业机器人弧焊轨迹	□是　□否			
	已建立完成 main 程序、子程序并实现调用	□是　□否			
	已完成各位置点的工具和工业机器人姿态调整	□是　□否			
	能熟练使用辅助工具完成工作过程监测	□是　□否			
备注					

任务 4.1　不规则轨迹曲线的创建及路径生成

【知识储备】

在本任务中，导入汽车玻璃涂胶工作站模型，如图 4.1.1（a）所示，在保证工业机器人姿态合理的前提下，使工具 TCP 能围绕玻璃边界运行，完成涂胶的工艺模拟。为了防止被其他设备模型干扰，可先把围栏等其他设备模型隐藏，如图 4.1.1（b）所示。

此处需要查看外围设备与工业机器人工作范围是否合适。在"布局"列表中用鼠标右键单击"IRB4600"，选择"显示机器人工作区域"命令。查看没有问题后，单击"关闭"按钮，用鼠标右键单击"IRB4600"，选择"显示机器人工作区域"命令。

首先需要获取玻璃边界的轨迹。工业机器人离线编程还有一种方法是利用第三方的三维建模软件准确地把工业机器人行走的轨迹以线段或曲线画好，然后导入 RobotStudio，并放置到准确的位置上让工业机器人直接捕捉并运行。但在本任务中，玻璃模型边缘没有相应的曲线轨迹，因此无法直接运行该边缘曲线，需要通过生成曲线的方法获得边缘曲线。

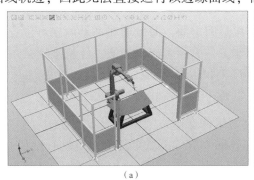
（a）

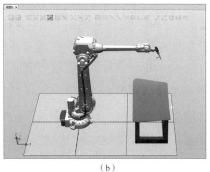
（b）

图 4.1.1 汽车玻璃涂胶工作站模型

一、创建离线轨迹曲线及路径

选择"表面"和"捕捉对象"工具，在"建模"选项卡中，单击"创建"工具栏中的"表面边界"按钮，如图 4.1.2 所示。

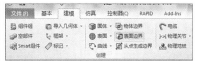

图 4.1.2 单击"表面边界"按钮

在弹出的对话框中，在"选择表面"框中单击，然后单击玻璃表面，可看到玻璃边缘呈现白色，单击"创建"和"完成"按钮，如图 4.1.3 所示。

图 4.1.3 选择玻璃的表面边界

此时在左侧列表中生成一名称为"部件_1"的文件，单击该名称，会在视图中发现玻璃边缘呈现白色，这样就生成了该模型的表面边界轨迹曲线，如图 4.1.4 所示。后面需要让工业机器人沿着该轨迹曲线行走。

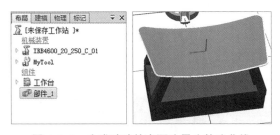

图 4.1.4 生成玻璃的表面边界为轨迹曲线

二、创建曲线路径

在实际生产中，每块玻璃在夹具上的位置是固定的，即玻璃和夹具的相对位置定位准确。为了方便编程，必须为工作台或夹具创建工件坐标系，使相同工件轨迹批量生成和整体目标点偏移，用户坐标系的创建一般以加工工件的固定装置的特征点为基准。

1. 创建工件坐标系

在"基本"选项中，选择"其它"→"创建工件坐标系"命令，修改名称为"WobjFixture"，并选择"用户坐标框架中"→"取点创建框架"→"三点"选项，如图 4.1.5 所示。

图 4.1.5　用三点法创建工件坐标系

选中上方的"选择表面"和"捕捉末端"工具。单击"X 轴上的第一个点"输入框，在视图中单击选中第一个点，则在输入框中自动显示该点的位置坐标数值，如图 4.1.6 所示。

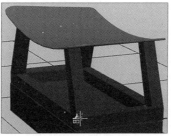

图 4.1.6　确定 X 点

在"X 轴上的第二个点"处于选中状态下时，在视图中单击选中第二个点，则在输入框中自动显示该点的位置坐标数值，如图 4.1.7 所示。

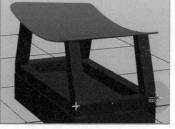

图 4.1.7　确定 X_1 点

在"Y轴上的点"处于选中状态下时,在视图中单击选中第三个点,则在输入框中自动显示该点的位置坐标数值,如图4.1.8所示。

图4.1.8 确定Y_1点

通过显示的3个点的坐标数据发现,3个点的Z坐标一致,说明高度一致,这样才能够保证3个点处于一个平面中。另外,第一个点的X坐标和第三个点的X坐标一致,第一个点的Y坐标和第二个点的Y坐标一致,符合3个点的位置要求。然后,单击"Accept"和"创建"按钮。视图中在X点处出现一个坐标系的图标,如图4.1.9所示,后面的编程会围绕该坐标系开展。

在"基本"选项卡上方的"工件坐标"下拉列表中会显示所创建的工件坐标系的名称,工具即工业机器人目前所安装的工具,如图4.1.10所示。

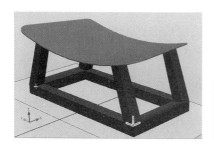

图4.1.9 生成工件坐标系

图4.1.10 选择已创建的工件坐标系

2. 生成轨迹路径

可以针对整段曲线生成一条轨迹路径,也可以根据曲线的分段情况选择部分曲线生成多段轨迹路径。

生成分段轨迹路径的操作如下。选择"选择曲线"和"捕捉边缘"工具,在"基本"选项卡中选择"路径"→"自动路径"选项(此处不要先选中任何曲线),左上方弹出的自动路径窗口中没有任何显示,如图4.1.11所示。

图4.1.11 用"自动路径"方法创建分段轨迹路径

然后，把鼠标指针放到边缘附近，会发现相应的部分边缘呈红色，单击后，在左上方的窗口中会出现选中的边界名称，如图 4.1.12 所示。

图 4.1.12　已选中的分段轨迹路径

生成整段轨迹路径的操作如下。选择"选择曲线"和"捕捉边缘"工具，如图 4.1.13 所示。

图 4.1.13　选择所需工具

在创建自动路径前先选中玻璃边缘，即选中整条曲线，然后在"基本"选项卡中选择"路径"→"自动路径"选项，此时会在左上方弹出的窗口中显示整条曲线的路径（该模型中为 1~8 段组成），并按照图示要求修改运动指令及其参数，如图 4.1.14 所示。

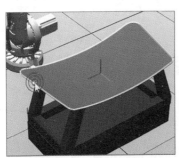

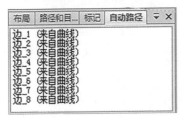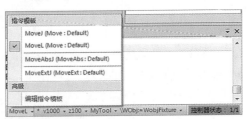

图 4.1.14　创建整条曲线为工作路径

在弹出的对话框中显示的选项如图 4.1.15 所示。

各部分的含义如下。

"反转"：代表轨迹的运行方向取反，默认为顺时针。

"参照面"：指生成的目标点 Z 轴方向与选定表面处于垂直状态。单击"参照面"显示框，选择"选择表面"工具，单击玻璃表面后，会显示参考该面的方向，且"参照面"显示框会显示该表面的名称（图4.1.16）。"开始偏移量"和"结束偏移量"：分别代表开始点和结束点相对于起点的偏移距离。

图4.1.15 自动路径设置对话框　　　　图4.1.16 设置参照面

在图4.1.17所示的"近似值参数"区域，如果单击"线性"单选按钮，则为每个目标生成线性指令，圆弧处作为分段的线性指令组成，路径全由直线构成；如果单击"圆弧运动"单选按钮，则会看到在曲线为圆弧的特征处生成圆弧指令，在线性特征处生成线性指令，需要注意的是"最大半径"的值设置时应大于轨迹中圆弧的半径；"常量"代表生成具有恒定间距的点。

"最小距离"代表设定生成点之间的最小距离，小于该距离的点被过滤掉。

单击"更多"按钮，打开"偏离"和"接近"输入框，输入的距离参数分别代表工作轨迹起点接近点的位置和工作轨迹终点后过渡点的位置，如图4.1.18所示。

图4.1.17 "近似值参数"区域　　　图4.1.18 "偏离"和"接近"输入框

首先单击"线性"单选按钮，单击"创建"和"关闭"按钮，在视图中会发现生成了一条轨迹，并且在"路径和目标点"选项卡的列表中会自动生成"Path_10"路径，如图4.1.19所示。

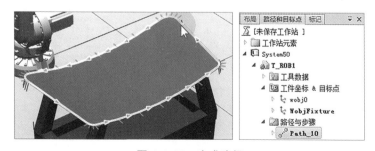

图4.1.19 生成路径

单击"Path_10"左侧的"三角"，可看到该路径中自动生成的所有程序点，且全为MoveL指令。返回未选中边界曲线的步骤，重新选择整段边缘，打开"自动路径"窗口，设置好参考面，单击"圆弧运动"单选按钮，设置最小距离为 1 mm，最大半径为 1 000 mm，公差为 2 mm，单击"创建"和"关闭"按钮，单击重新生成的"Path_10"左侧的"三角"，可以看到在拐弯的位置生成了 MoveC 指令，如图 4.1.20 所示，这样使工业机器人走起来更圆滑，符合实际工作要求。

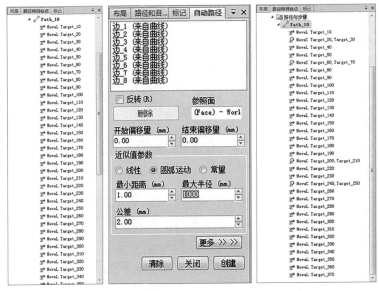

图 4.1.20　单击"线性"和"圆弧运动"单选按钮的区别

在工业机器人工作中，已生成的线性轨迹如果符合圆弧形状，则需要将个别的线性指令转化成圆弧指令，以达到实际运行效果。根据三点确定圆弧的方法，需要将圆弧的第二个点和终点的运行指令同时选中，单击鼠标右键，选择"修改指令"→"转换为 MoveC"命令，此时可生成相应的圆弧运动指令，如图 4.1.21 所示，生成了以 Target130 为起点、以 Target140 为中间点、以 Target150 为终点的圆弧指令。

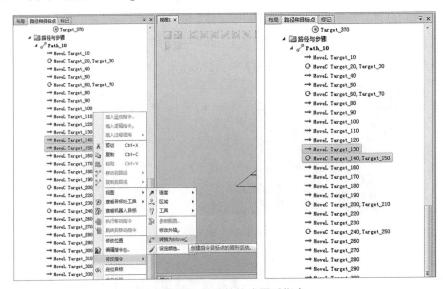

图 4.1.21　单独转换成圆弧指令

近似值参数说明如表 4.1.1 所示。

表 4.1.1　近似值参数说明

选项	用途说明
线性	为每个目标生成线性指令，圆弧作为分段线性处理
圆弧运动	在圆弧特征处生成圆弧指令，在线性特征处生成线性指令
常量	生成具有恒定间距的点
属性值	用途说明
最小距离/mm	设置两生成点之间的最小距离，小于该最小距离的点将被过滤掉
最大半径/mm	在将圆弧视为直线前确定圆的半径大小，直线视为半径无限大的圆
公差/mm	设置生成点所允许的几何描述的最大偏差

需要根据不同的曲线特征选择不同类型的近似值参数。在通常情况下选择"圆弧运动"，这样在处理曲线时，线性部分执行线性运动，圆弧部分执行圆弧运动，不规则曲线部分执行分段线性运动；而"线性"和"常量"都是固定的模式，即全部按照选定的模式对曲线进行处理，使用不当会产生大量的多余点位或路径精度不满足工艺要求。在本任务中，可以切换不同的近似值参数类型，观察自动生成的目标点位，从而进一步理解各近似值参数类型下所生成路径的特点。

在设定完成后，会自动生成工业机器人的路径"Path_10"，在后面的任务中会对此路径进行处理，并转换成工业机器人程序代码，完成工业机器人轨迹程序的编写。

【学习检测】

（1）创建工业机器人轨迹曲线有哪些方法？
（2）创建工业机器人轨迹路径有哪些方法？

【学习记录】

<table>
<tr><td colspan="6" style="text-align:center">学习记录单</td></tr>
<tr><td>姓名</td><td></td><td>学号</td><td></td><td>日期</td><td></td></tr>
<tr><td colspan="6">学习项目：</td></tr>
<tr><td colspan="4">任务：</td><td colspan="2">指导老师：</td></tr>
<tr><td colspan="6" style="height:300px"></td></tr>
</table>

项目四　工业机器人不规则轨迹离线仿真

【考核评价】

"任务 4.1 不规则轨迹曲线的创建及路径生成" 考核表

姓名		学号			日期	年　　月　　日	
类别	项目	考核内容		得分	总分	评分标准	签名
理论	知识准备（100分）	如何创建轨迹曲线？（20分）				根据完成情况和质量打分	
		如何创建分段路径？（20分）					
		简述近似值参数选择结果的区别（20分）					
		试说明生成工业机器人不规则运行轨迹的过程（40分）					
实操	技能要求（50分）	能正确创建工业机器人运行轨迹曲线				1. 能完成该任务的所有技能项，得满分；2. 只能完成该任务的一部分技能项，根据情况扣分；3. 不能正确操作则不得分	
		学会利用"自动路径"方法创建路径					
		能灵活设置自动路径的相关参数					
	任务完成情况	完成□/未完成□					
	完成质量（40分）	工艺及熟练程度（20分）				1. 任务"未完成"，此项不得分；2. 任务"完成"，根据完成情况打分	
		工作进度及效率（20分）					
	职业素养（10分）	安全操作、团队协作、职业规范、强国责任等				1. 未发生操作安全事故；2. 未发生人身安全事故；3. 符合职业操作规范；4. 具有团队意识	
评分说明							
备注	1. 该考核表原则上不能出现涂改现象，否则必须在涂改处签名确认；2. 该考核表作为学生学习过程考核的标准						

【学习总结】

任务 4.2　　**工业机器人目标点姿态调整及关节轴配置**

【知识储备】

前面的操作已经根据边缘曲线自动生成了一条工业机器人运行轨迹"Path_10"，但工业机器人暂时还不能直接按照此条轨迹运行，因为还未确定每个点位上工业机器人目前的姿态是否合理并加以修改。本任务学习如何查看和修改目标点的姿态，从而让工业机器人能够合理到达各工作点，得到符合工作规范和工艺要求的仿真结果。

一、工业机器人目标点调整

在生成的路径中可查看自动生成目标点。在"路径和目标点"选项卡中，单击"工件坐标 & 目标点"→"WobjFixture"→"WobjFixture_of"左侧的"三角"，会看到产生的目标点（Target），任意单击某一个目标点，可在视图中显示工业机器人工具所在相应的位置，如图 4.2.1 所示。

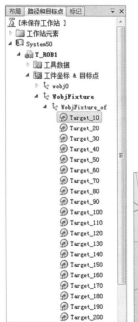
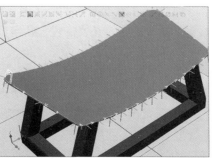

图 4.2.1　查看生成的目标点

在调整目标点的过程中，为了便于查看工具在此姿态下的效果，可以在目标点位置处显示工具。用鼠标右键单击任意一个目标点，选择"查看目标点工具"命令，在该工具名称前面打上"√"，即可看到工具在每个点位的姿态，如图4.2.2所示。

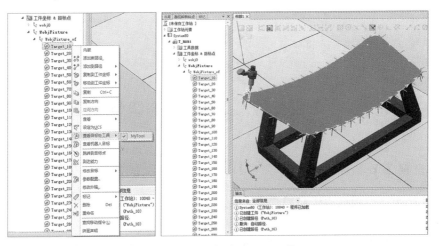

图 4.2.2　在目标点上显示工具

按住 Shift 键可选择多个目标点，同时在视图中通过预览可看到所有选中的目标点的工具的姿态，如图 4.2.3 所示。

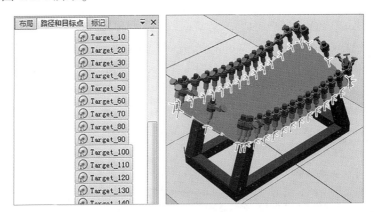

图 4.2.3　同时选择多个目标点

通过预览发现，工业机器人工具姿态不能满足实际生产工作要求（法兰盘方向朝外），这使工业机器人难以到达该目标点，需调整工具位置朝向工业机器人才能保证正常工作。因此，需要调整工业机器人工具的安装位置为朝向工业机器人侧。

选中"Target10"，单击鼠标右键，选择"修改目标"→"旋转"命令，弹出图4.2.4所示对话框。

在"参考"下拉列表选择"本地"选项，即参考该目标点本身 X、Y、Z 轴方向，绕工具 TCP 本身即可，因此全为 0；"旋转"代表围绕哪个轴旋转，单击"Z"单选按钮，输入转动角度，可查看效果，如果4.2.5所示，如果不能满足要求，则继续单击"应用"按钮进行调整，直到符合要求为止，单击"关闭"按钮。

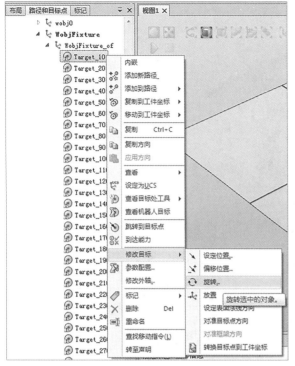

图 4.2.4　调整工具姿态

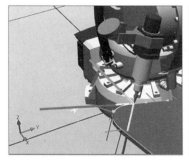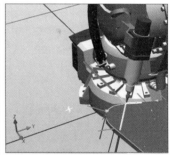

图 4.2.5　旋转工具姿态

　　这样第一个目标点的姿态修改完毕。接着修改其他目标点，在处理大量目标点时，可以批量处理。在本任务中，当前自动生成的目标点的 Z 轴方向均为工件上表面的法线方向，此处 Z 轴无须修改。通过上述步骤中目标点的调整结果可知，只需要调整各目标点的 X 轴方向。在这里使所有点的特征符合修改后的点即可。

　　利用 Shift 键及鼠标左键，选中剩余的所有目标点，单击鼠标右键，选择"修改目标"→"对准目标点方向"命令，如图 4.2.6 所示。

　　出现图 4.2.7 所示的对话框，在"参考"下拉列表中，选择第一次修改后的点"Target_10"；在"对准轴"下拉列表中选择"X"选项；将"锁定轴"设为"Z"，单击"应用"和"关闭"按钮。可通过单击每个点，查看所有目标点的工具法兰盘朝向工业机器人侧，工业机器人的工作姿态调整完毕。

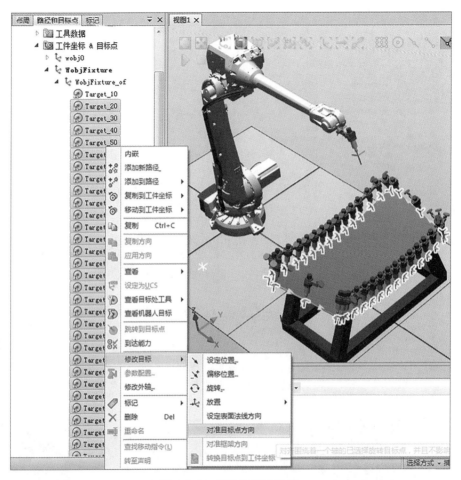

图 4.2.6　修改其他目标点

图 4.2.7　批量修改工具姿态

二、关节轴配置参数调整

工业机器人到达目标点后，可能存在多种关节组合情况，即多种关节轴配置参数，需要为自动生成的目标点调整关节轴配置参数，从而通过调节工业机器人各关节姿态，使其符合工作要求。

用鼠标右键单击"Path_10"，选择"配置参数"→"自动配置"命令，如图 4.2.8 所示。

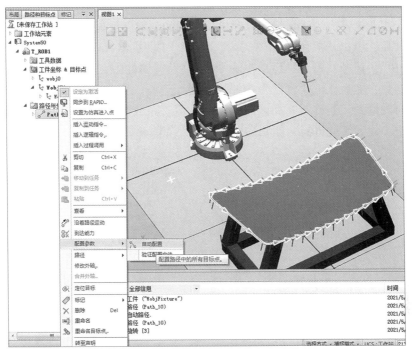

图 4.2.8　自动配置参数

在出现的对话框中，若工业机器人能够到达当前目标点，则在"配置参数"列表框中可以查看到该目标点的关节轴配置参数。图 4.2.9 所示的"配置参数"列表框中显示了两个一开始轨迹的配置参数，分别为"cfg1（-1，0，-1，0）"和"cfg2（-1，-2，1，1）"，分别单击后，在下面的"关节值"区域可查看到关节轴配置的数值（之前：目标点原先配置对应的各关节轴的数；当前：当前勾选关节轴配置所对应的各关节轴的数），显示的关节值代表到达目标点时各关节的所在位置。

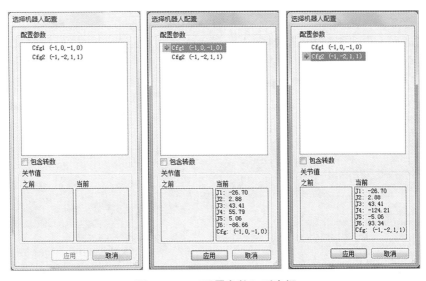

图 4.2.9　"配置参数"列表框

一般情况下选择数字变化较小的配置，以保证工业机器人运行时的姿态调整幅度较小。若想详细设定工业机器人到达该目标点时各关节轴的度数，可勾选"包含转数"复选框。

设置完成后，单击"应用"和"关闭"按钮。工业机器人开始运动（或者用鼠标右键单击"Path_10"，选择"沿路径运动"命令），在路径属性中，可以为所有目标点自动调整关节轴配置参数，然后让工业机器人按照运动指令运行。为各个目标点自动匹配关节轴配置参数后，可观察到工业机器人绕该曲线运行，运动完成后，"Path_10"中各指令前面的黄色叹号消失，代表工业机器人能到达所有位置，如图4.2.10所示。

图4.2.10　完成自动配置关节轴参数

三、完善程序并仿真运行

轨迹完成后，需要完善程序，添加工业机器人运行轨迹的起始接近点、轨迹结束离开点，以及安全位置Home点。

（1）进入点。单击左侧列表"Path_10"中的第一个点"MoveL Target10"，并在下方修改运动指令为MoveJ，再次单击"MoveL Target10"，选择"手动线性"选项，如图4.2.11所示。

图4.2.11　修改运动指令

单击视图中的工业机器人，并沿着大地坐标系 Z 轴正方向手动拖动到工作台上方一段距离，作为准备进入点，如图 4.2.12 所示。

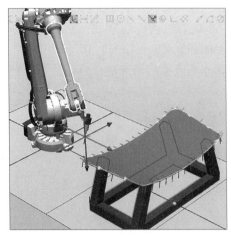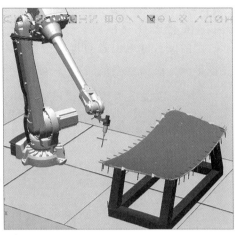

图 4.2.12　手动移动工业机器人位置

单击上方的示教指令，在"Path_10"最下方生成名称为"MoveJ Target_＊＊"的运动程序，将该指令拖至最程序第一行，作为工作进入点，如图 4.2.13 所示。

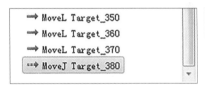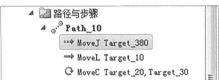

图 4.2.13　生成工作进入点

（2）离开点。离开点不能简单地复制，因为涉及关节的配合问题，因此如图 4.2.14 所示，在最后一行指令"MoveL Target_＊＊"上单击鼠标右键，选择"查看目标处工具"命令，在相应工具前打上"√"，以查看目前工具和工业机器人的姿态。

利用"手动线性"和"手动重定位"功能将工业机器人向上拖动一段距离，作为准备离开点，如图 4.2.15 所示。

单击上方的示教指令，并在指令最下方生成名称为"MoveJ Target_390"的指令，如图 4.2.16 所示。

用鼠标右键单击"Path_10"，选择"配置参数"→"自动配置"命令，再次实施工业机器人的自动配置，以保证新加的两个点和之前的轨迹能够衔接。可以看到工业机器人沿着新的路径重新运行，整个程序编写完毕。

注：在整体执行完自动配置后，可对单个目标点或该目标点的运动指令进行单独的参数配置，使该点处的工业机器人姿态达到最优。操作为：用鼠标右键单击某目标点，选择"参数配置"选项或用鼠标右键单击某运动指令，选择"修改指令"→"参数配置"选项，弹出类似自动配置设置的对话框，即可对单个目标点实施参数配置操作，如图 4.2.17 所示。

（3）Home 点。添加安全位置 Home 点"pHome"，为工业机器人示教一个原点位置。此处作简化处理，直接将工业机器人默认原点位置设为 Home 点。

　　首先在"布局"选项卡中，用鼠标右键单击工业机器人，选择"回到机械原点"命令，让工业机器人回到机械原点。Home 点 一般在 Wobj0 坐标系中创建，因此，在上方"工件坐标"处选择"Wobj0"，单击上方的"目标点"按钮，在"路径和目标点"选项卡中，依次展开"工件坐标 & 目标点"→"wobj0"→"wobj0_of"，找到该目标点，并修改名称为"pHome"。用鼠标右键单击该目标点，选择"添加到路径"→"Path_10"→"第一"选项；然后重复该步骤，添加至"最后"，保证运动起始点和运动结束点都在 Home 点位置。

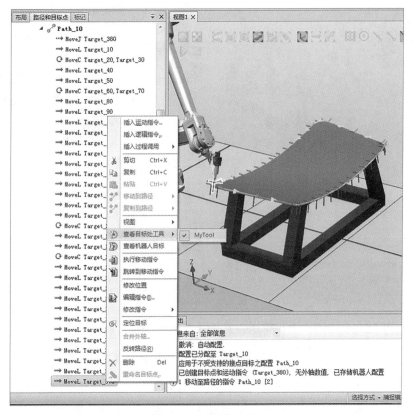

图 4.2.14　显示工具

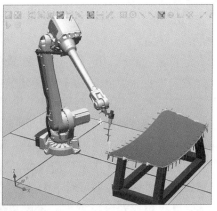

图 4.2.15　移动工业机器人至工作离开位置

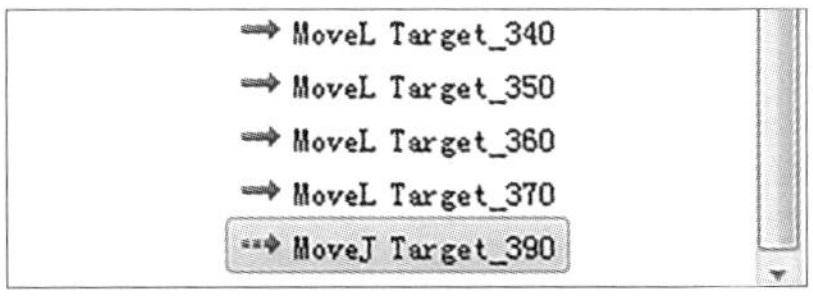

用鼠标右键单击指令，选择"修改指令"命令，可修改 Home 点、轨迹起始点、轨迹结束点的运动类型、速度、转弯半径等参数。修改完成后，再次对"Path_10"进行一次关节轴的自动配置。

图 4.2.16 生成工作离开点

下面需要把程序导入工业机器人。在视图上方选择"同步"→"同步到 RAPID"命令，在弹出的对话框中，勾选全部复选框，并单击"确定"按钮，这样程序便同步到 RAPID 中。

选择"仿真"→"仿真设定"选项，在弹出的对话框的"仿真对象"列表框中单击"T_ROB1"，在"进入点"下拉列表中选择"Path_10"作为程序的进入点，然后单击下方的"刷新"按钮，如图 4.2.18 所示。

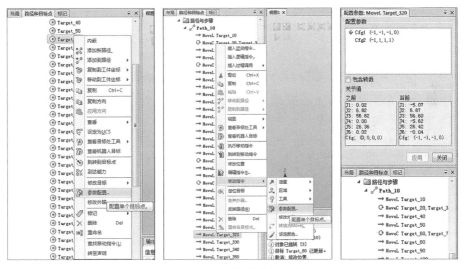

图 4.2.17 配置单个目标点

图 4.2.18 设置程序进入点

设置完成后，单击"播放"按钮，工业机器人会从机械原点位置开始运行，并回到机械原点。

说明：在生成新点位运动指令时，可按照在工件坐标系下生成新点位的操作，即用鼠标右键单击"Target_10"并选择"复制"命令，然后用鼠标右键单击工件坐标系"Wobj-Fixture"并选择"粘贴"命令，便生成一个新的目标点"Target_10_2"，如图 4.2.19 所示。

图 4.2.19　复制目标点

调整"Target_10_2"的偏移量，然后用鼠标右键单击"Target_10_2"，选择"添加到路径"→"Path_10"选项，选择需要插入程序的位置，此处以插入第一行为例，即可在"Path_10"中第一行生成新的指令"MoveJ Target_10_2"，如图 4.2.20 所示。在修改名称时，只需修改"Target_10_2"即可，程序的名称会自动修改完成。

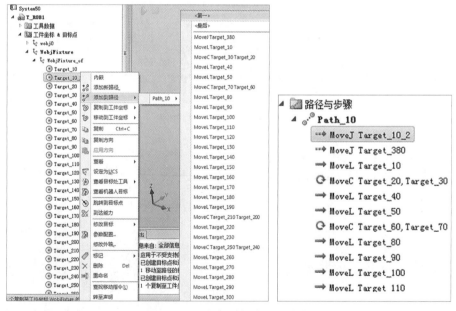

图 4.2.20　添加目标点到程序中

注：在工业机器人仿真运行过程中，如果发现在某些位置点工业机器人姿态配置不合理，可重新对该位置点调整工业机器人至合适姿态。用鼠标右键单击该位置点的指令，选择"跳转到移动指令"命令，通过手动操纵调整至合适姿态后，用鼠标右键单击该指令，选择"修改位置"命令即可完成单个运动指令的修改，重新同步到 RAPID 即可完成操作，如图 4.2.21 所示。

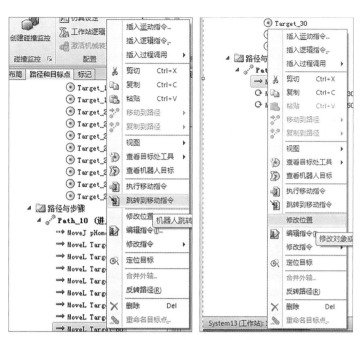

图 4.2.21　调整单个目标点

说明：在离线轨迹编程中，最为关键的三步是生成轨迹曲线、调整目标点、调整关节轴配置参数。

1. 生成轨迹曲线

（1）生成轨迹曲线时除了"先创建曲线再生成轨迹"的方法外，还可以直接捕捉三维模型的边缘进行轨迹的创建，在创建自动路径时，可直接用鼠标捕捉边缘，从而生成工业机器人运动轨迹。

（2）对于一些复杂的三维模型，导入 RobotStudio 软件后，其某些特征可能丢失，此外 RobotStudio 软件专注于工业机器人运动仿真，只提供基本的建模功能，所以在导入三维模型前，需要用三维制图软件在模型表面绘制相关的曲线。

（3）在生成轨迹曲线时，需要根据实际情况，选取合适的近似值参数并调整数值大小。

2. 调整目标点

调整目标点的方法有多种，在实际应用过程中，单一的一种调整方法难以将目标点一次性调整到位，尤其在对工具姿态要求较高的场合中，通常综合运用多种方法进行多次调整。建议在调整过程中先对一个目标点进行调整，反复尝试调整完成后，其他目标点的某些属性可参考调整好的第一个目标点进行方向对准。

3. 调整关节轴配置参数

在为目标点配置关节轴的过程中，若轨迹较长，可能遇到相邻两个目标点之间关节轴配置参数变化过大的情况，这时在轨迹运行过程中会出现"机器人当前位置无法跳转到目标点位置，请检查轴配置"等提示。可以通过以下几项措施进行更改。

（1）轨迹起始点尝试使用不同的关节轴配置参数，如有需要可勾选"包含转数"复选框之后再选择关节轴配置参数。

（2）尝试更改轨迹起始点位置。

（3）运用 SingArea、ConfL、ConfJ 等指令。

拓展训练任务：参照图 4.2.22 自行创建滚筒涂胶工作轨迹，并完成工业机器人滚筒涂胶工作过程。

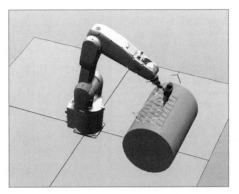

图 4.2.22　滚筒涂胶

【学习检测】

（1）如何查看目标点位置？

（2）如何批量修改目标点？

（3）试说明修改关节轴配置参数的操作过程

（4）如何实现单个位置工业机器人姿态的调整？

【学习记录】

学习记录单					
姓名		学号		日期	
学习项目：					
任务：				指导老师：	

【考核评价】

"任务 4.2 工业机器人目标点姿态调整及关节轴配置" 考核表

姓名		学号			日期	年　月　日	
类别	项目	考核内容	得分	总分	评分标准		签名
理论	知识准备（100分）	如何批量查看目标点位置？（10分）			根据完成情况和质量打分		
		如何批量修改目标点？（20分）					
		如何正确合理地调整工业机器人关节轴配置参数？（40）					
		如何完成单个工业机器人姿态调整？（30分）					
实操	技能要求（50分）	能快速批量修改目标点			1. 能完成该任务的所有技能项，得满分； 2. 只能完成该任务的一部分技能项，根据情况扣分； 3. 不能正确操作则不得分		
		能正确合理地调整工业机器人关节轴配置参数					
		能正确调整工业机器人姿态					
	任务完成情况	完成□/未完成□					
	完成质量（40分）	工艺及熟练程度（20分）			1. 任务"未完成"，此项不得分； 2. 任务"完成"，根据完成情况打分		
		工作进度及效率（20分）					
	职业素养（10分）	安全操作、团队协作、职业规范、强国责任等			1. 未发生操作安全事故； 2. 未发生人身安全事故； 3. 符合职业操作规范； 4. 具有团队意识		
评分说明							
备注	1. 该考核表原则上不能出现涂改现象，否则必须在涂改处签名确认； 2. 该考核表作为学生学习过程考核的标准						

项目四　工业机器人不规则轨迹离线仿真

【学习总结】

任务 4.3　　输送带跟踪离线仿真

【知识储备】

本任务的工作目标是创建一条动态输送带，工业机器人跟踪在动态输送带上运行的物料，并使其沿着移动物体的边界走完一圈后回到原点位置，然后循环持续跟踪下一物料。本任务的实施，要求学生能掌握工业机器人动态自动路径创建方法、动态程序的编写方法、关节轴参数配置的方法、相关坐标系的合理使用方法等。

一、创建输送带

1. 新建输送带和物料模型

在"建模"选项卡中，通过矩形体创建输送带和物料模型，并根据实际情况设定物料相对于输送带的位置，参数设置如图 4.3.1 所示。

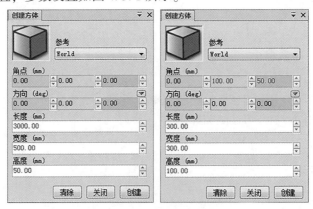

图 4.3.1　设置模型参数

修改名称和颜色，完成模型的创建，如图 4.3.2 所示。

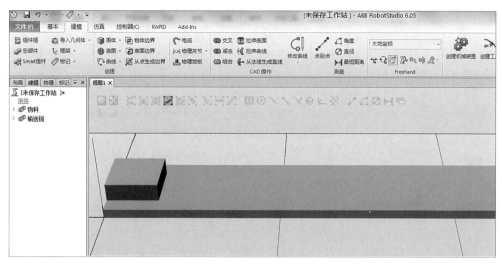

图 4.3.2 完成模型的创建

2. 生成仿真输送带

模型创建完成后，需要创建输送带。在"建模"选项卡中，单击右上方的"创建输送带"按钮，打开输送带设置窗口，设置完成后单击"创建"按钮，完成输送带的创建，在左侧列表中显示已创建的输送带，如图 4.3.3 所示。

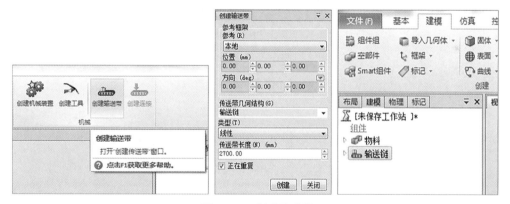

图 4.3.3 创建输送带

3. 添加物料至输送带

下面需要将所创建的物料模型添加至该输送带。用鼠标右键单击输送带，选择"添加对象"命令，按照图 4.3.4 所示设置相关参数，设置完成后可看到输送带（"输送链"）中包含"物料"和"输送链"两个模型。

设置完成后，进入"仿真"选项卡，单击"播放"按钮，即可查看运动效果，如图 4.3.5 所示。

注：如果改变物料在输送带上的运输速度，需要在左侧"输送链"上单击鼠标右键，选择"运动"命令，在弹出的对话框中可设置速度数值，如图 4.3.6 所示。

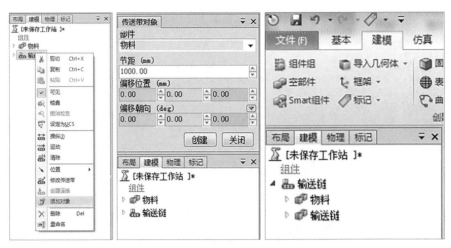

图 4.3.4　将物料添加至输送带

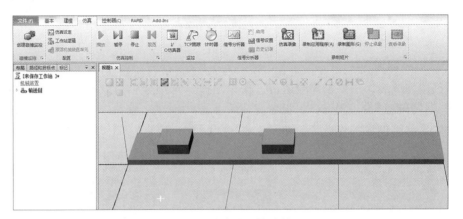

图 4.3.5　仿真演示输送效果

图 4.3.6　改变物料运输速度

二、建立输送带跟踪工作站

1. 创建工业机器人系统

导入 IRB2600 工业机器人和工具，并设置相关选项后创建工业机器人系统（说明：一定要选中输送链跟踪功能：606-1 Conveyor Tracking），如图 4.3.7 所示。

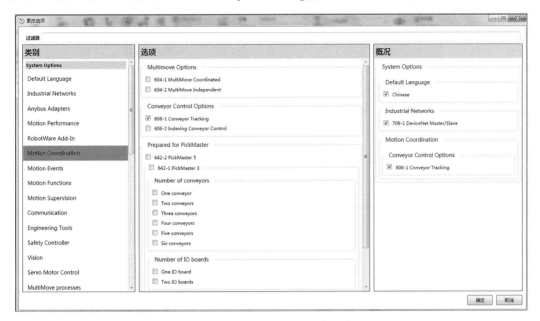

图 4.3.7　创建工业机器人系统

2. 布局工作站

工业机器人系统创建完成后，将工具安装到工业机器人末端，并通过鼠标右键快捷菜单的"输送带"→"设定位置"命令调整输送带至合适位置，如图 4.3.8 所示。

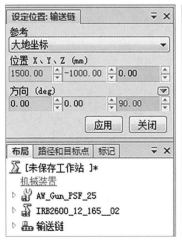
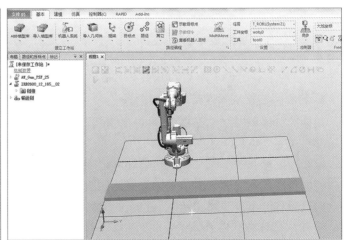

图 4.3.8　布局工作站

3. 建立输送带和工业机器人系统的关联

用鼠标右键单击"输送链",选择"创建连接"命令,按照图 4.3.9 所示设置参数后单击"创建"按钮。

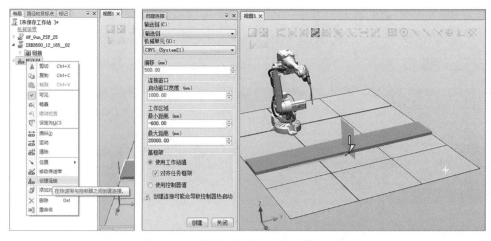

图 4.3.9 关联输送带和工业机器人系统

此时会发现在输送带上,根据设置的参数,生成了工业机器人寻迹运行的范围,并在左侧"输送链"下生成了一个名为"wobj_cnv1"的输送带跟踪坐标系,如图 4.3.10 所示。

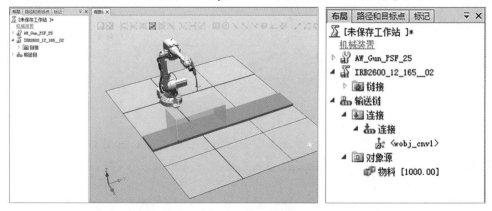

图 4.3.10 设置工业机器人跟踪范围

4. 将物料连接至输送带跟踪坐标系

用鼠标右键单击"输送链"下的"物料",选择"放在传送带上"命令,会在输送带的端部出现一个物料,如图 4.3.11 所示。

继续用鼠标右键单击"输送链"下的"物料",选择"连接工件"→"wobj_cnv1"选择,将物料连接到输送带跟踪坐标系上,如图 4.3.12 所示。

用鼠标右键单击"输送链",选择"操纵"命令,在弹出的设置框中,可拖动滚动条移动物料,如图 4.3.13 所示。

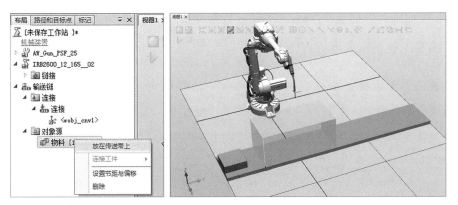

图 4.3.11　放置物料至输送带

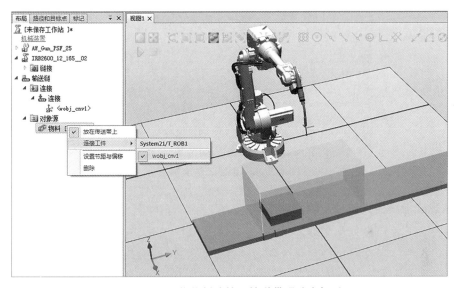

图 4.3.12　将物料连接至输送带跟踪坐标系

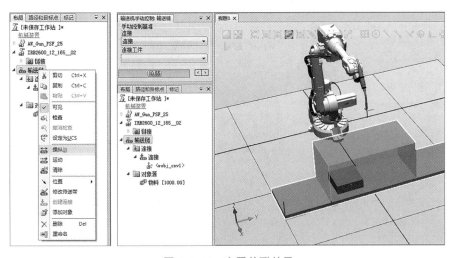

图 4.3.13　查看关联效果

三、编写工业机器人运行程序

1. 新建工件坐标系

在输送带端部建立一个名为"WobJ"的工件坐标系，如图4.3.14所示。

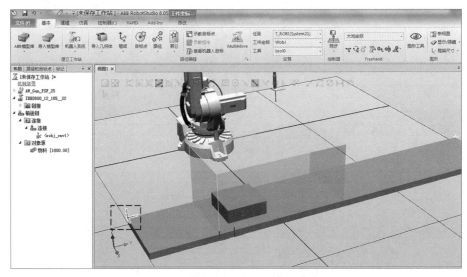

图4.3.14　创建工件坐标系

2. 创建工业机器人路径及编写程序

首先查看上方"设置"工具栏中，"工件坐标"选择"wobj_cnv1"，"工具"选择"AW-Gun"，然后修改下方的运动指令为"MoveL"，参数分别设置为v500、fine，并进一步查看工件坐标系和工具坐标系。

下面创建自动路径"Path_10"，将鼠标指针放到物料边上并按住Shift键，待边界红色显示后单击，在左侧窗口中即可查看已选中的物料边界，如图4.3.15所示。

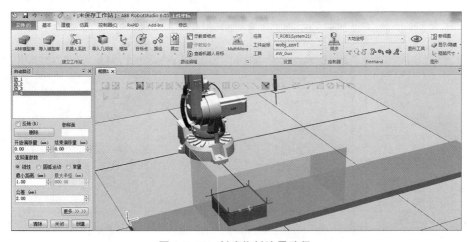

图4.3.15　创建物料边界路径

相关参数设置完成后，单击"创建"和"关闭"按钮，可查看到在"wobj_cnv1"坐标系下生成了目标点，在"Path_10"中生成了该物料边界的路径点运动程序，如图4.3.16所示。

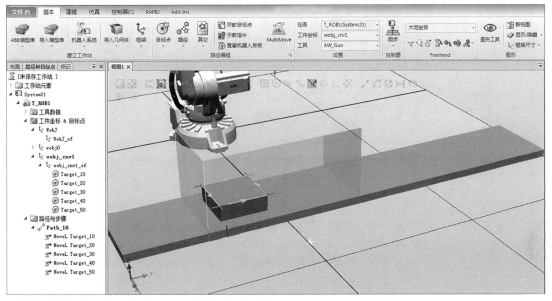

图 4.3.16　自动生成目标点和路径点运动程序

下面设置运动速度为v800，并根据路径点的要求，依次添加起点离开点（jiejin_S）、终点离开点（likai_E）等路径点。这里需要注意的是，起点接近点需要设置的工件坐标系为"wobj_cnv1"，因为要跟踪输送带的动态坐标系找到起点，而终点离开点设置的工件坐标系为"WobJ"，这是因为工业机器人走完一圈后，不能跟踪输送带的坐标系继续往前移动，而应在固定的工件坐标系下到达该点，所以该点应该存在于"WobJ"坐标系中，如图4.3.17所示。

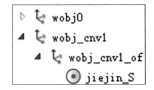
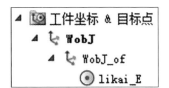

图 4.3.17　起点接近点和终点离开点所在的坐标系

根据图4.3.18所示，调整关节轴配置参数和工业机器人工具姿态。

3. 编写 main 主程序

在"路径与步骤"名称上单击鼠标右键，选择"创建路径"命令，修改名称为"Main"，如图4.3.19所示。

也可以选择"同步"→"同步到工作站"命令，在弹出的对话框中选择全部选项并单击"确定"按钮，如图4.3.20所示。

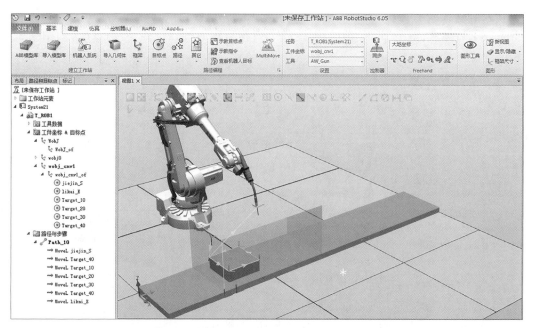

图 4.3.18　调整关节轴配置参数和工业机器人工具姿态

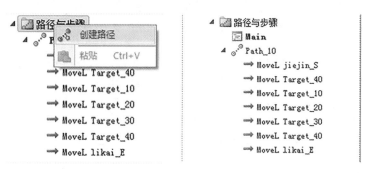

图 4.3.19　创建 main 程序（1）

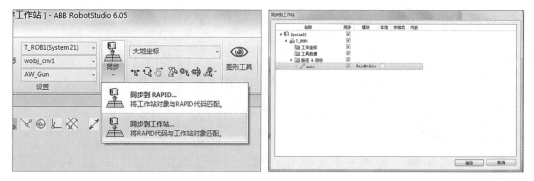

图 4.3.20　创建 main 程序（2）

　　用鼠标右键单击"Main"，选择"插入逻辑指令"命令，插入"ActUnit"指令激活输送带系统，并将指令参数设置为"CNV1"，如图 4.3.21 所示。

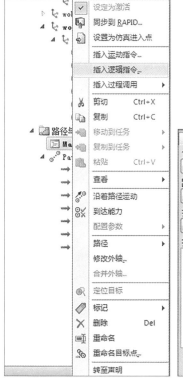

图 4.3.21　在 main 程序中添加逻辑指令

下面调整工业机器人至 Home 点进行等待，因此需要示教 Home 点，需要注意的是示教 Home 点时，工件坐标系需调整为 "WobJ"，即需要选择固定的工件坐标系。

因此，工作完成之前，所有点的坐标系为输送带跟踪坐标系，工作完成后，所有点的坐标系为固定的工件坐标系。除了 Home 点外，其他点的运动指令均可放置在 "Path_10" 中。

继续插入 "WaitWObj" 逻辑指令，以使工业机器人和输送带系统建立跟踪关系，将指令参数设置成 "wobj_cnv1"，等待物料，如图 4.3.22 所示。

下一步通过 "插入过程调用" 命令将 "Path_10" 插入 "Main"，当走完后工业机器人需要返回至 Home 点，因此需要继续添加至 Home 点的运动指令（直接复制前面的指令即可）。

图 4.3.22　插入 "WaitWObj" 逻辑指令

插入 "DropWObj" 逻辑指令，断开当前物料的跟踪，将指令参数设置成 "wobj_cnv1"。最后编辑的程序如图 4.3.23 所示。

4. 导入程序并仿真查看运行效果

这里需要注意的是，之前的 RAPID 中，在 "MainModule" 模块中已经存在一个 main 程序，和已建立的 main 程序冲突，工业机器人程序中要求只能存在一个 main 程序，这里导入程序后会出现错误，因此，需要将 "MainModule" 模块删除，以保证只有一个 main 程序，如图 4.3.24 所示。

图 4.3.23　输送带跟踪运行程序

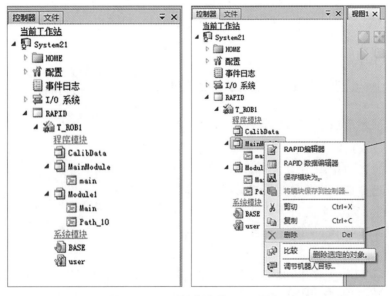

图 4.3.24　删除多余的 main 程序

仿真演示效果如图 4.3.25 所示。

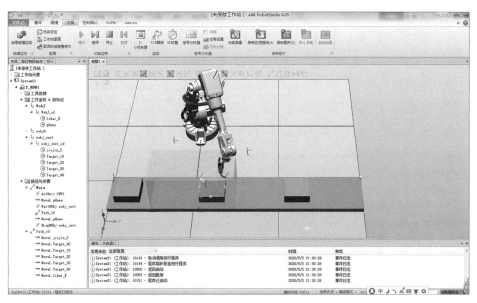

图 4.3.25　仿真演示效果

【学习检测】

（1）如何完成输送带的创建和物料的放置？

（2）输送带跟踪坐标系和静态工件坐标系的点位设置要求是什么？

（3）如何完成输送带跟踪仿真程序的编写？

（4）如何利用本任务的思路设计其他类似工作任务？

【学习记录】

学习记录单					
姓名		学号		日期	
学习项目：					
任务：				指导老师：	

【考核评价】

"任务 4.3 输送带跟踪离线仿真" 考核表

姓名		学号			日期		年　　月　　日	
类别	项目	考核内容		得分	总分	评分标准		签名
理论	知识准备（100分）	输送带的创建方法（20分）				根据完成情况和质量打分		
		动态坐标系的使用要求（10分）						
		main 程序的创建（40）						
		程序的规范化设计（30分）						
实操	技能要求（50分）	能正确创建输送带并关联物料				1. 能完成该任务的所有技能项，得满分； 2. 只能完成该任务的一部分技能项，根据情况扣分； 3. 不能正确操作则不得分		
		能合理规范工业机器人工作点位，并设定各点所处的坐标系						
		能正确编写运行程序并合理调试						
	任务完成情况	完成□/未完成□						
	完成质量（40分）	工艺及熟练程度（20分）				1. 任务 "未完成"，此项不得分； 2. 任务 "完成"，根据完成情况打分		
		工作进度及效率（20分）						
	职业素养（10分）	安全操作、团队协作、职业规范、强国责任等				1. 未发生操作安全事故； 2. 未发生人身安全事故； 3. 符合职业操作规范； 4. 具有团队意识		
评分说明								
备注	1. 该考核表原则上不能出现涂改现象，否则必须在涂改处签名确认； 2. 该考核表作为学生学习过程考核的标准							

【学习总结】

_____

_____

_____

_____

_____

_____

_____

_____

_____

_____

_____

_____

_____

_____

_____

项目四 工业机器人不规则轨迹离线仿真

任务 4.4　多轨迹运行

【知识储备】

在前面的轨迹离线仿真中，执行一条路径只能运行一条轨迹的程序，但在实际工作中，可将不同的轨迹编入单独子程序，通过主程序调用子程序的方法，使工业机器人执行一次程序可运行多条轨迹。在离线仿真过程中，也需要进行符合实际的工作演示，保证执行一次仿真能完成多条轨迹的工作，从而实现多轨迹工作效果。

本任务的工作要求如下。

（1）能够创建多条轨迹路径。

（2）能够在 main 程序下同时合理运行多条轨迹路径。

一、创建两条不同的工业机器人离线运行路径

1. 布局工作站

在 RobotStudio 软件中导入一个 IRB4600 型工业机器人和一个 MyTool 工具，并将该工具安装到工业机器人法兰盘上。导入一个外围轨迹模型，在"布局"选项卡中，用鼠标右键单击该轨迹模型名称，选择"位置"→"设定位置"命令（设定位置为 2000，-800，500；90，0，180），单击"应用"按钮并关闭该对话框，如图 4.4.1 所示。

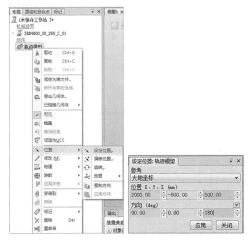

图 4.4.1　设定轨迹模型的位置

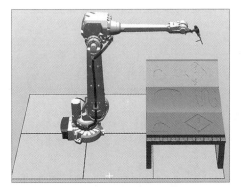

图 4.4.2　已布局工作站

在"布局"选项卡中，用鼠标右键单击 IRB4600 型工业机器人的名称，选择"显示机器人工作区域"命令，可通过选择"2D"或"3D"选项，查看该工作台是否在工业机器人合理工作范围内，并利用移动等功能进行位置调整，调整好后可在视图窗口中查看该工业机器人工作站，如图 4.4.2 所示。

工作站布局完成后，利用"从布局"选项完成工业机器人系统的创建；利用"三点法"创建工件坐标系"Wobj1"，并在"基本"选项卡的"设置"工具栏中选择已创建好的工件坐标系和工具坐标系，如图 4.4.3 所示。

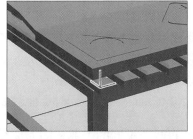

图 4.4.3　创建工业机器人系统和工件坐标系

2. 创建三角形轨迹路径

1）示教三角形 4 个轨迹工作点

沿着工作站上的三角形轨迹，创建三角形轨迹空路径，选择"基本"→"路径"→"空路径"选项，新建"Path_10"，然后修改下方 MoveL 指令和相应的参数，如图 4.4.4 所示。

图 4.4.4 创建空路径并修改运动指令及其参数

选择"手动线性"选项，打开"捕捉末端"工具，拖动工业机器人工具到三角形的起点位置，如图 4.4.5 所示。

图 4.4.5 拖动工业机器人工具至起始工作点

单击"基本"选项卡中"路径编程"工具栏的"示教指令"按钮记录该点，在"Path_10"中可看到生成了一条 MoveL 指令，在"工件坐标 & 目标点"下的"WobJ1"处生成了名为"Target_10"的点，如图 4.4.6 所示。

图 4.4.6 示教起始工作点

用同样的方法继续示教另外两个点，在"Path_10"和"工件坐标 & 目标点"下的"WobJ1"处，可看到分别生成了 3 条 MoveL 指令和 Target 的 3 个点，如图 4.4.7 所示。

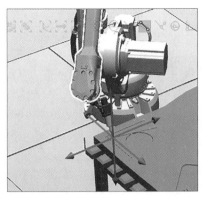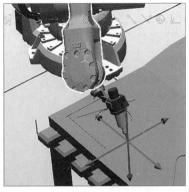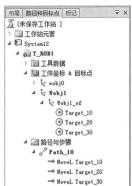

图 4.4.7　生成 3 个工作点的运动指令

第四个点可继续利用"示教指令"；也可用鼠标右键单击"Target_10"，选择"添加到路径"→"Path_10"→"最后"选项，则会在"Path_10"下生成第四条指令，如图 4.4.8 所示。

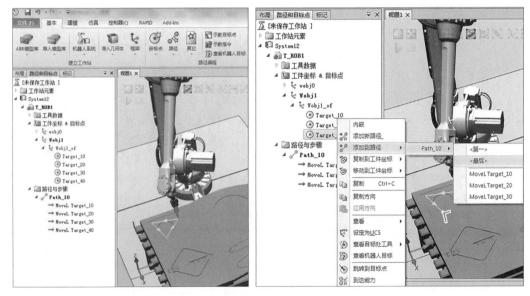

图 4.4.8　利用目标点生成运动指令

2）添加起点接近点和终点离开点

起点接近点和终点离开点可分别定义为入刀点和出刀点。用鼠标右键单击"Target_10"，选择"复制"命令，再用鼠标右键单击"Wobj1_of"，选择"粘贴"命令，生成"Target_10_2"点，如图 4.4.9 所示。

用鼠标右键单击"Target_10_2"，选择"修改目标"→"偏移位置"选项，在弹出的对话框中参照坐标确定方向，输入相应的数值，设定该点的位置，单击"应用"和"关闭"按钮，如图 4.4.10 所示。

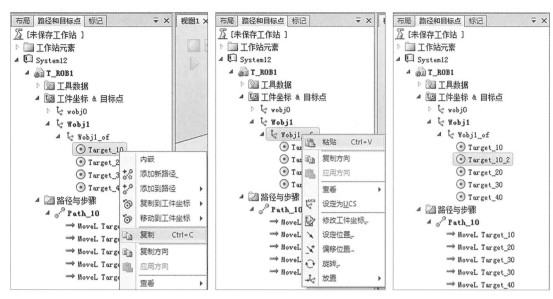

图 4.4.9　复制起点接近点和终点离开点

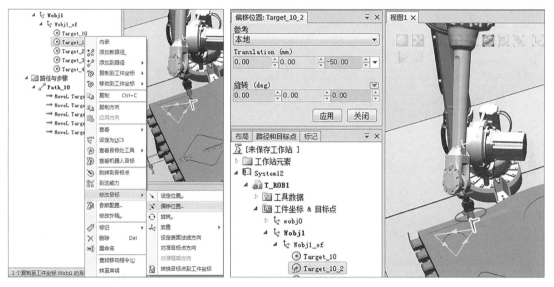

图 4.4.10　利用点位偏移量设定起点接近点

　　然后用鼠标右键单击修改后的"Target_10_2"，选择"添加到路径"→"Path_10"→"第一"选项（作为入刀），如图 4.4.11 所示。

　　由于起始点和结束点为重合点，所以可以在"Target_10"上继续复制一个位置点，并利用该位置点的偏移量设定终点离开点，同样选择"添加到路径"→"Path_10"→"最后"选择（作为出刀），利用该方法生成离开指令。用鼠标右键单击"Target_10_2"，选择"重命名"命令，将名称改为"chudao"，可看到相应的点指令同步修改为"MoveL chudao"。最后示教 Home 点作为初始位置点。添加起点接近点和终点离开点的路径及指令如图 4.4.12 所示。

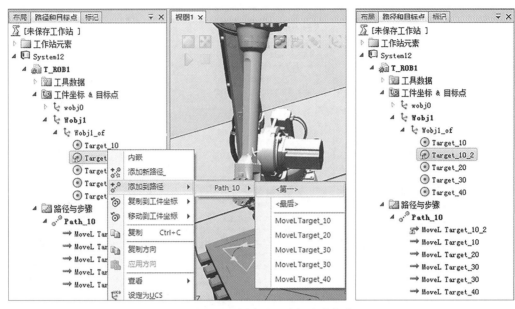

图 4.4.11　添加点位至路径生成指令

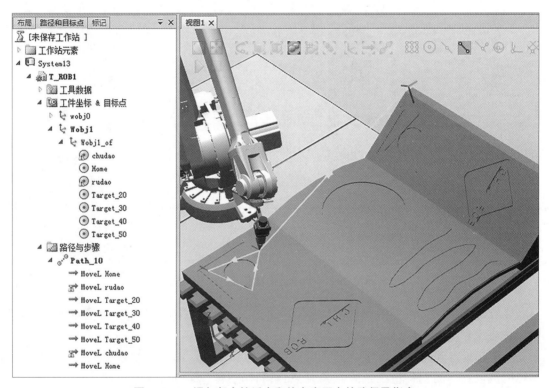

图 4.4.12　添加起点接近点和终点离开点的路径及指令

　　在该程序中，有的指令前存在"！"，需要将其消除。操作方法为：用鼠标右键单击"Path_10"，选择"配置参数"→"自动配置"命令，工业机器人按照轨迹自动配置各关节位置并运动，如图 4.4.13 所示。

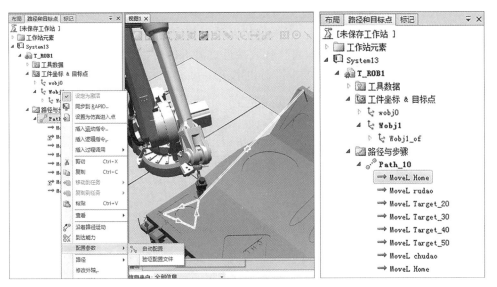

图 4.4.13　工业机器人关节轴参数配置

3）将程序同步到 RAPID

按照前面的方法将生成的程序同步到 RAPID，并通过"仿真"功能查看工业机器人运行效果。在"基本"或"RAPID"选项卡中选择"同步"→"同步到 RAPID"命令，在弹出的对话框中选择全部选项，单击"确定"按钮。选择"仿真"→"仿真设定"选项，在弹出的对话框中修改进入点为"Path_10"，然后回到"仿真"选项卡，单击"播放"按钮即可查看效果。

3. 创建圆形轨迹路径

1）创建自动路径

选择"基本"→"路径"→"自动路径"选项，如图 4.4.14 所示。

图 4.4.14　选择"自动路径"选项

如图 4.4.15 所示，选取上方的"捕捉边缘"工具，当鼠标指针放在工作站中时，会自动捕捉工作站中的边缘，单击后，在"自动路径"窗口显示已选取的路径边界；"参照面"为运行轨迹的参照面，可利用"选择表面"工具选取，选取后会在该窗口中自动显示该参照面的名称。"开始（结束）偏移量"可设为 0。"近似值参数"可根据轨迹的实际情况设定，"线性"代表每一段均为直线运动；"圆弧运动"代表根据路径是否为圆弧自动生成圆弧指令。该实例中选取的是圆形轨迹，因此这里需要单击"圆弧运动"单选按钮，在"最小距离"和"最大半径"输入框中，可根据情况设定相应的参数。后面生成指令时，会根据实际情况自动生成圆弧指令。"偏离"代表接近点离工作初始点的距离，"接近"代表接近点离工作完成点的距离，可根据要求进行设定，这里分别设定为"200"和"100"。

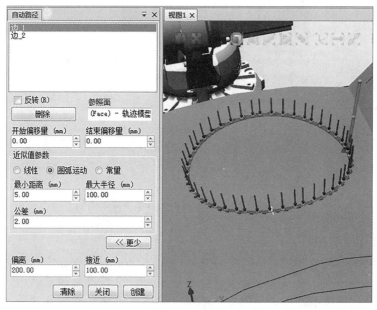

图 4.4.15　设置"自动路径"参数

单击"创建"按钮，在"路径和目标点"选项卡中，自动生成了名为"Path_20"的自动路径，其下自动生成了相应的指令和各位置点，位置点的命名会根据"Path_10"的最后一个位置点的数字继续扩展，如图 4.4.16 所示。

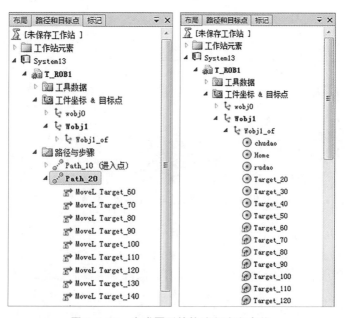

图 4.4.16　生成圆形的轨迹程序和点位

2）关节轴参数配置

在自动生成的"Path_20"路径的指令中，需要进行关节轴参数配置，通过查看每个点位上工具的姿态，适当旋转工具以保证工具法兰盘连接处朝向工业机器人侧，从而整体上确保工业机器人在每个点位有合适的关节轴配置，然后对个别不合适的姿态进行局部调整，从而保证工业机器人能够完整合理地运行该轨迹。

用鼠标右键单击第一条指令，选择"查看目标处工具"命令，可看到工具的位置不适合工业机器人正常工作，如图 4.4.17 所示，需要使工具绕 Z 轴旋转一定的角度，调整工具姿态使其朝向工业机器人侧。

根据图 4.4.18 所示，用鼠标右键单击第一个位置点，选择"修改目标"→"旋转"命令，在图 4.4.19 所示弹出的对话框中，任意设定旋转的角度（这里输入 40°），使工具绕 Z 轴旋转，通过视图查看并调整到合适的姿态，单击"应用"按钮完成该位置点的工具调整。

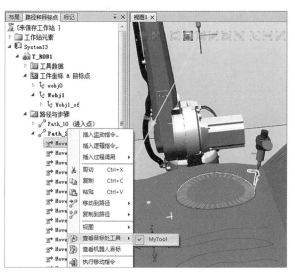

图 4.4.17　选择"查看目标处工具"命令

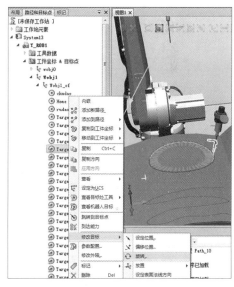

图 4.4.18　选择"旋转"命令

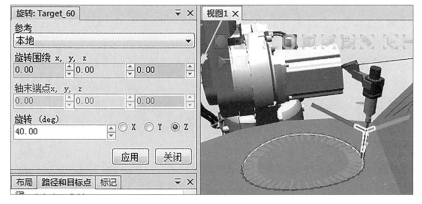

图 4.4.19　设定工具旋转角度

　　设定完第一个点位的工具后，需要对其他点位中工具的姿态进行调整，利用 Shift 键选中其他所有 Target 点，单击鼠标右键，选择"修改目标"→"对准目标点方向"命令，在弹出的对话框中，"参考"选择"Target_60"（已调整的点），然后单击"应用"按钮即可，如图 4.4.20 所示。

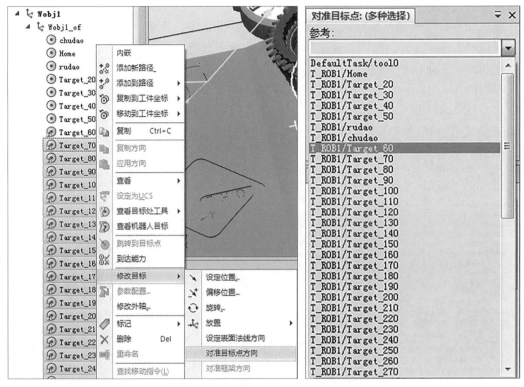

图 4.4.20　批量修改所有点的工具姿态

　　调整完所有点位的工具姿态后，需要对"Path_20"路径中的程序进行工业机器人关节轴参数配置。用鼠标右键单击"Path_20"，选择"参数配置"→"自动配置"命令，工业机器人会沿着轨迹自动运行，并自动调整到达各点位后各关节的姿态，运行完成后，各指令的"!"会消除，如图 4.4.21 所示。说明：若下一点工业机器人无法通过关节轴参数配置到达，会出现报警错误，工业机器人停止运行；或者在运行中出现奇异点，工业机器人同样会报警并停止运行。

　　批量配置完成后，如果某些位置点还有不合适的姿态，可通过在"Path_20"的某个指令上单击鼠标右键，选择"跳转到移动指令"命令，将工业机器人调整到该位置的姿态后，继续用鼠标右键单击该指令，选择"修改指令"→"参数配置"命令，弹出关节轴参数配置对话框，如图 4.4.22 所示，选中关节变化最小的参数后，单击"应用"按钮，消除指令的"!"。

　　对于单个点的调整，也可以用鼠标右键单击该指令，选择"跳转到移动指令"命令，在视图中使工业机器人跳转到该位置点，通过手动操纵的方法，在视图中调整该点的工业机器人，使其达到合适姿态，调整完成后，用鼠标右键单击该指令，选择"修改位置"命令，如图 4.4.23 所示，即可完成对单个点位工业机器人姿态的调整。

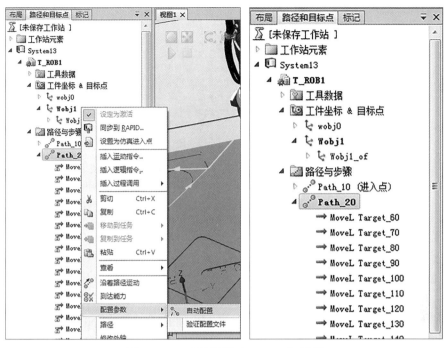

图 4. 4. 21 自动配置 "Path_20" 路径

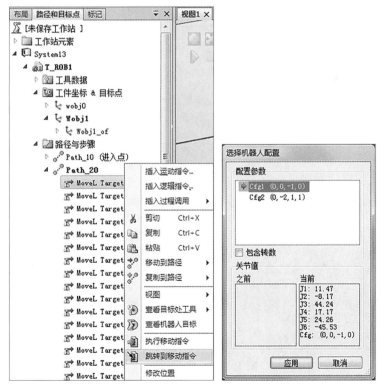

图 4. 4. 22 单个点的关节轴参数配置

图 4.4.23　单个点的位置修改

注：在整体第一次自动配置完成后，由于调整了部分点位姿态，需要继续通过关节轴参数配置对话框实现自动配置（用鼠标右键单击某一指令，选择"修改指令"→"参数配置"命令调出）。

3）将程序同步到 RAPID

按照前面的方法将生成的"Path_20"程序同步到 RAPID，并通过"仿真"功能查看工业机器人运行效果。

二、两条轨迹的一次性运行

结合三角形轨迹和圆形轨迹，在一段程序中同时运行这两条轨迹。在保证两条轨迹已经创建好的基础上，操作步骤如下。

1. 创建 main 程序

方法一：选择"基本"→"同步"→"同步到工作站"命令，选择"main"（此处注意 main 属于"MainModule"模块）后单击"确定"按钮，如图 4.4.24 所示。

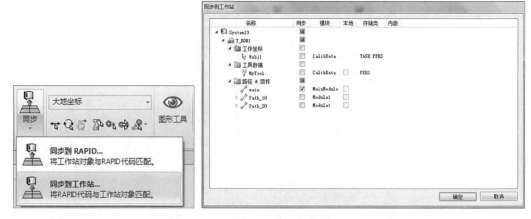

图 4.4.24　同步到工作站

单击"确定"按钮后，"main"会自动出现在"路径和目标点"选项卡中，但还不是处于激活状态，因此，用鼠标右键单击"main"，选择"设定为激活"命令，此时"main"

会加粗显示，如图 4.4.25 所示。

图 4.4.25 激活 "main"

方法二：在 "路径和目标" 选项卡，用鼠标右键选择 "路径与步骤"，选择 "创建路径" 命令，生成一新路径，并将该新路径重命名为 "main"，也可创建名称为 main 的路径，如图 4.4.26 所示。

2. 为 main 程序添加程序

main 程序创建完成后，需要为其添加程序。首先修改下方的运动指令及其参数为 "MoveAbsj、v1000、fine"，如图 4.4.27 所示。

图 4.4.26 创建 main 程序

图 4.4.27 添加 MoveAbsj 指令

将工业机器人运行至 Home 点后，单击示教指令，此时会在 "main" 的第一行中出现新建的指令 "MoveAbsJ JointTarget _ 1"，在上方 "接近目标点" 下会出现新建的 "JointTarget_1"，用鼠标右键单击 "JointTarget_1"，重命名为 "pHome"，可将该点名称和相应的指令修改为 "pHome"，如图 4.4.28 所示。

下面将 "Path_10" 和 "Path_20" 两条轨迹的程序添加到 main 程序中。按照运行轨迹要求和编程规则，分别将 "Path_10" 和 "Path_20" 的第一条指令修改成 "MoveJ"，用鼠标右键单击第一条指令，选择 "编辑指令" 命令，在 "动作类型" 下拉列表中选择 "Joint" 选项，如图 4.4.29 所示。

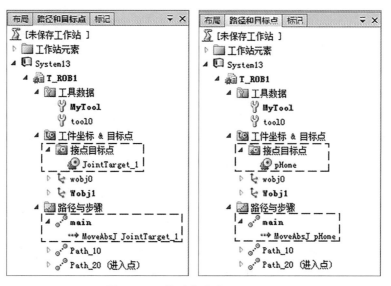

图 4.4.28　修改名称为"pHome"

图 4.4.29　编辑运动指令

用鼠标右键单击"路径与步骤"→"main"→"MoveAbsJ pHome"，选择"插入过程调用"→"Path_10"选项，再重复操作插入"Path_20"，将该两条路径插入"main"，继续添加"pHome"点运动指令使工业机器人运行完两条轨迹后回到 Home 点位置，如图 4.4.30所示。

3. 延伸工具 TCP

在实际工作和仿真中，为了避免工具和工件发生碰撞，往往需要将工具 TCP 沿着 Z 轴

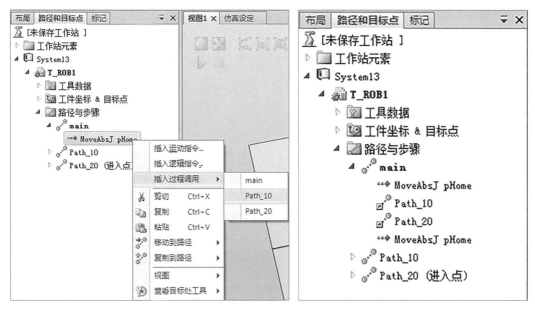

图 4.4.30 将"Path_10"和"Path_20"插入"main"

正方向延伸一段距离，此处同样需要仿真操作。按照图 4.4.31 所示，在"路径和目标点"
选项卡中，在"工具数据"下找到该工具的名称，用鼠标右键单击并选择"偏移位置"选
项，"参考"选择"本地"，在 Z 轴方向上输入一个正数，单击"应用"和"关闭"按钮
即可。

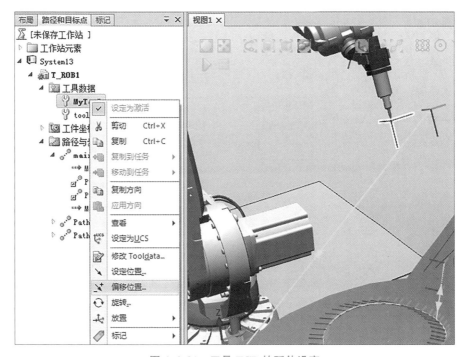

图 4.4.31 工具 TCP 的延伸设定

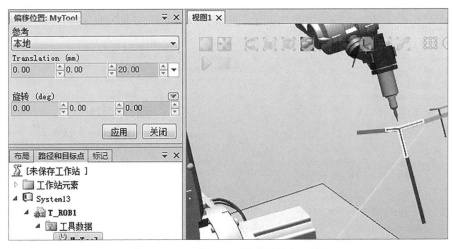

图 4.4.31　工具 TCP 的延伸设定（续）

4. 将程序同步到 RAPID

执行"同步到 RAPID"命令，如图 4.4.32 所示，在"main"后的下拉列表中选择"Module1"模块，保证与"Path_10"和"Path_20"处于同一程序模块中（此处为"Module1"模块），选择完成后单击"确定"按钮。

图 4.4.32　将 main 程序添加到"Module1"模块中

选择"RAPID"→"RAPID"→"T_ROB_1"选项，将"MainModule"模块或者该模块中的"main"删除，如图 4.4.33 所示，因为所有的程序和模块中只能有一个 main 程序存在。然后在仿真设定中，将"Module1"模块中的"main"设定为进入点，如图 4.4.34 所示，单击"播放"按钮即可查看效果。

图 4.4.33 删除之前含有"main"的模块

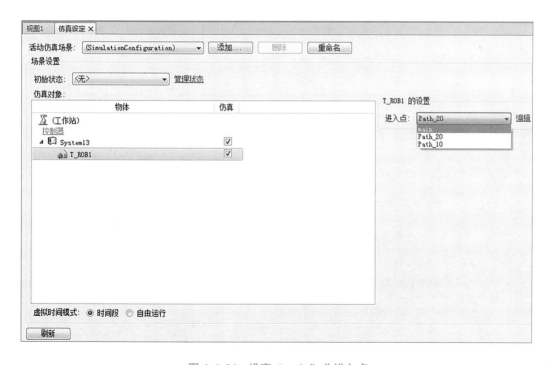

图 4.4.34 设定"main"为进入点

【学习检测】

（1）如何保证各路径中工业机器人运行时关节轴参数配置合理规范？

（2）如何完成本任务中 main 程序的编写？

【学习记录】

<table>
<tr><td colspan="6" align="center">学习记录单</td></tr>
<tr><td>姓名</td><td></td><td>学号</td><td></td><td>日期</td><td></td></tr>
<tr><td colspan="6">学习项目：</td></tr>
<tr><td colspan="4">任务：</td><td colspan="2">指导老师：</td></tr>
<tr><td colspan="6" height="500"></td></tr>
</table>

【考核评价】

"任务 4.4 多轨迹运行"考核表

<table>
<tr><td>姓名</td><td></td><td>学号</td><td></td><td>日期</td><td colspan="2">年　　月　　日</td></tr>
<tr><td>类别</td><td>项目</td><td>考核内容</td><td>得分</td><td>总分</td><td>评分标准</td><td>签名</td></tr>
<tr><td rowspan="4">理论</td><td rowspan="4">知识准备
（100 分）</td><td>工作站的布局（10 分）</td><td></td><td rowspan="4"></td><td rowspan="4">根据完成情况和质量打分</td><td rowspan="4"></td></tr>
<tr><td>单一轨迹中工业机器人关节轴参数配置（20 分）</td><td></td></tr>
<tr><td>单个路径程序的编写与修改（40）</td><td></td></tr>
<tr><td>main 程序的编写与修改（30 分）</td><td></td></tr>
</table>

类别	项目	考核内容		得分	总分	评分标准	签名
实操	技能要求（50分）	能合理编写各轨迹程序，并合理配置工业机器人关节轴参数				1. 能完成该任务的所有技能项，得满分； 2. 只能完成该任务的一部分技能项，根据情况扣分； 3. 不能正确操作则不得分	
		能正确创建 main 程序					
		能根据运行结果合理修改程序					
	任务完成情况	完成□/未完成□					
	完成质量（40分）	工艺及熟练程度（20分）				1. 任务"未完成"，此项不得分； 2. 任务"完成"，根据完成情况打分	
		工作进度及效率（20分）					
	职业素养（10分）	安全操作、团队协作、职业规范、强国责任等				1. 未发生操作安全事故； 2. 未发生人身安全事故； 3. 符合职业操作规范； 4. 具有团队意识	
评分说明							
备注	1. 该考核表原则上不能出现涂改现象，否则必须在涂改处签名确认； 2. 该考核表作为学生学习过程考核的标准						

【学习总结】

_____

_____

_____

_____

_____

_____

_____

_____

_____

_____

_____

项目四 工业机器人不规则轨迹离线仿真

任务 4.5　创建带导轨的工业机器人离线仿真

【知识储备】

由于工业机器人的工作范围有限，所以在大范围的工业生产应用中，需要多台工业机器人分布在不同的岗位才能实现整个工作过程的实施。由于工业机器人价格较高，许多企业为了节约成本，只配套工业一台工业机器人完成相邻 2~3 个岗位的工作任务，此时，为了扩大工业机器人的工作范围，需要为工业机器人系统配备导轨，对于六轴工业机器人习惯上称导轨为第七轴。

在本任务中，将训练如何在 RobotStudio 软件中创建带导轨的工业机器人系统，通过让工业机器人围绕简单物料的边界运行，实现工业机器人和导轨的工作配合。

一、创建带导轨的工业机器人工作站和系统

1. 创建带导轨的工业机器人工作站

在空工作站中，导入一个 IRB4600 型工业机器人，导入 IRBT4004 型号导轨模型，导入"MyTool"工具，导入汽车前挡风玻璃模型，创建一个圆柱形滚筒模型，未建立工业机器人工作站前如图 4.5.1 所示。

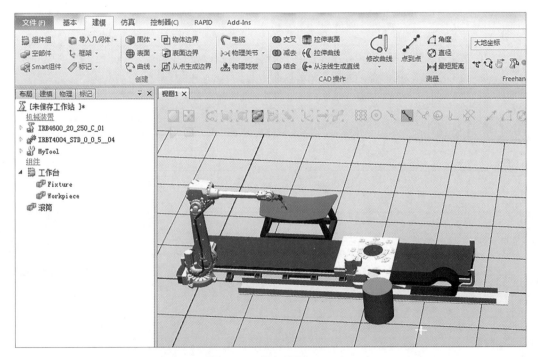

图 4.5.1　导入模型（1）

导入导轨模型后，在左侧列表中，将工业机器人拖放到导轨上，单击"是"按钮将工

业机器人位置更新到导轨基座上，继续单击"是"按钮，则工业机器人与导轨进行同步运动，如图 4.5.2 所示，建立图 4.5.3 所示带导轨的工业机器人工作站。

图 4.5.2　导入模型（2）

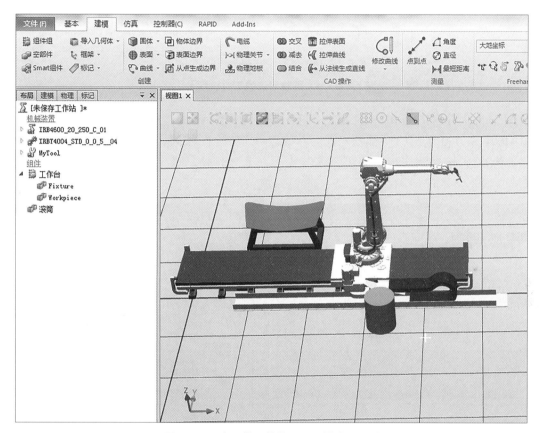

图 4.5.3　建立带导轨的工业机器人工作站

说明：一个导轨并不是能和所有工业机器人配合，不同的导轨所对应的工业机器人也是不一样的，在手册中"产品规格"的"轨道运动"说明中可查看导轨所对应的相应工业机器人型号，如图 4.5.4 所示。

2. 创建带导轨的工业机器人系统

工业机器人工作站安装完成后，需要创建带导轨的工业机器人系统。在创建带外轴的工业机器人系统时，使用"从布局…"选项创建系统，这样在创建过程中，会自动添加相应的控制选项以及驱动选项，无须自己配置。选择"机器人系统"→"从布局…"选项，将

1.1.2 Technical data for the track motion

Travel length

The IRBT track motion is available in 3 different types.

IRBT type	Designed for	Travel length (m) [i]	
		Singe carriage (standard track)	Double carriage
IRBT 4004	IRB 4400 (all versions) IRB 4600 (all versions)	1.9 to 19.9 (in steps of 1 m)	3.7 to 18.7 (in steps of 1 m)
IRBT 6004	IRB 6650S (all versions) IRB 6620 IRB 6640 (all versions) IRB 6700 (all versions)	1.7 to 19.7 (in steps of 1 m)	3.3 to 18.3 (in steps of 1 m)
IRBT 7004	IRB 7600 (all versions)	1.7 to 19.7 (in steps of 1 m)	3.3 to 18.3 (in steps of 1 m)

[i] Travel length is the distance the carriage(s) can move.

图 4.5.4　导轨对应的工业机器人

系统命名为"TrackPractise"，并单击"下一个"按钮，确认"IRB4600_20_250_C01"和"IRB4004_STD_0_0_6_04"都被勾选后，单击"下一个"按钮，在接下来的界面中，无须"添加任务"，选择默认选项即可，单击"下一个"按钮，设定相应的选项，如图 4.5.5所示。

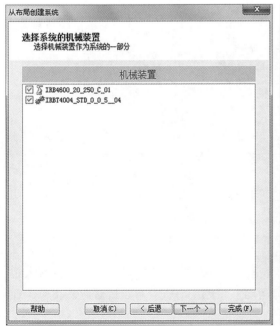

图 4.5.5　创建工业机器人系统

　　工业机器人系统创建完成后，即可利用"手动关节"功能拖动工业机器人沿着导轨运行，如图 4.5.6 所示。

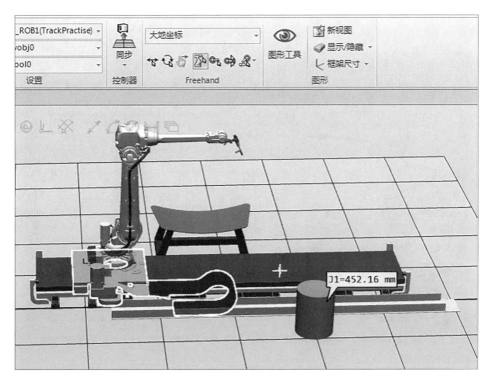

图 4.5.6　手动拖动工业机器人沿着导轨运行

二、创建工业机器人运行轨迹程序

本任务需要让工业机器人从导轨原点出发，使工具沿着玻璃边界运行一周后，工业机器人继续沿着导轨往前运行，工具沿着滚筒上表面圆运行一周，然后返回初始点位置。利用"表面边界"功能，分别生成"玻璃边界"和"滚筒边界"，在生成程序前，需要设定好工具坐标系和运动指令。

手动拖动工业机器人到玻璃工作台位置，并转动工业机器人一轴至该工作台方位，单击上方的示教指令，完成"boli_start"点位的示教，如图 4.5.7 所示，然后在此位置，按照前面的任务操作，利用"自动路径"方法生成"Path_10"的边界轨迹的点位和程序，如图 4.5.8 所示。设定完成后，分别调整所有点位工具的姿态，并实施工业机器人关节轴参数配置。

手动拖动机工业机器人到滚筒工作台位置，并转动工业机器人一轴至该工作台方位，单击上方的示教指令，完成"yuantong_start"点位的示教，如图 4.5.9 所示，然后在此位置，按照前面的任务操作，利用"自动路径"方法生成"Path_20"的边界轨迹的点位和程序，如图 4.5.10 所示。设定完成后，分别调整所有点位工具的姿态，并实施工业机器人关节轴参数配置。

两条轨迹均配置完成后，按照"多轨迹运行"任务的操作方法，创建 main 程序，并将 Home 点和两条路径分别添加到 main 程序中，完成并仿真任务的实施结果。

图 4.5.7 示教 "boli_start" 点位

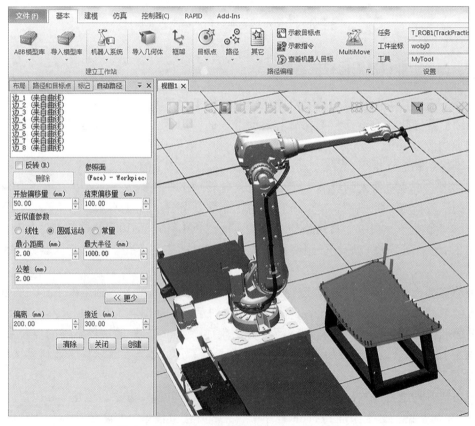

图 4.5.8 利用 "自动路径" 方法设定玻璃轨迹

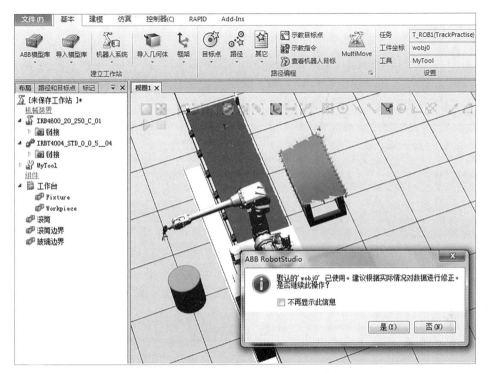

图 4.5.9　示教"yuantong_start"点位

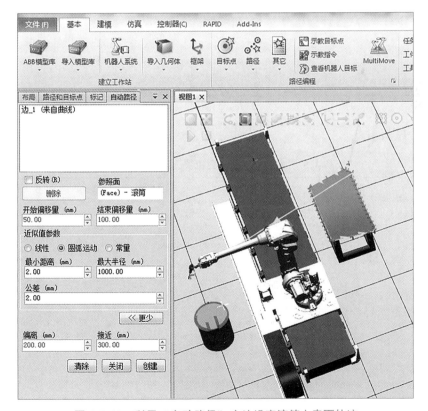

图 4.5.10　利用"自动路径"方法设定滚筒上表面轨迹

【学习检测】

（1）如何在仿真中实现工业机器人和导轨的关联？

（2）工业机器人在导轨上运行时，如何保证工业机器人的工作姿态合理规范？

（3）如何利用本任务的思路设计其他类似工作任务？

学习记录单					
姓名		学号		日期	
学习项目：					
任务：				指导老师：	

【考核评价】

"任务 4.5 创建带导轨的工业机器人离线仿真" 考核表

姓名		学号			日期		年　　月　　日	
类别	项目	考核内容		得分	总分	评分标准		签名
理论	知识准备（100分）	工业机器人和导轨的安装要求（10分）				根据完成情况和质量打分		
		工业机器人系统的创建要求（20分）						
		工业机器人工作轨迹点位设计（40）						
		导轨运行的程序调试（30分）						

续表

类别	项目	考核内容	得分	总分	评分标准	签名
实操	技能要求（50分）	能正确地将工业机器人安装到导轨上			1. 能完成该任务的所有技能项，得满分； 2. 只能完成该任务的一部分技能项，根据情况扣分； 3. 不能正确操作则不得分	
		能完成各工作程序的设计和编写				
		能正确地编写工业机器人程序，使工业机器人配置合理并能正确运行				
	任务完成情况	完成□/未完成□				
	完成质量（40分）	工艺及熟练程度（20分）			1. 任务"未完成"，此项不得分； 2. 任务"完成"，根据完成情况打分	
		工作进度及效率（20分）				
	职业素养（10分）	安全操作、团队协作、职业规范、强国责任等			1. 未发生操作安全事故； 2. 未发生人身安全事故； 3. 符合职业操作规范； 4. 具有团队意识	
评分说明						
备注	1. 该考核表原则上不能出现涂改现象，否则必须在涂改处签名确认； 2. 该考核表作为学生学习过程考核的标准					

项目四　工业机器人不规则轨迹离线仿真

【学习总结】

离线仿真运行辅助工具的使用 任务 4.6

【知识储备】

在离线仿真过程中，规划好工业机器人的运行轨迹后，一般需要验证当前工业机器人轨迹是否会与周边设备发生干涉，可使用碰撞监控功能进行检测；此外，工业机器人执行完运动后，需要分析工业机器人轨迹是否满足需求，可通过 TCP 跟踪功能将工业机器人运行轨迹记录下来，用作后续分析资料。

一、碰撞监控功能的使用

模拟仿真的一个重要任务是验证轨迹可行性，即验证工业机器人在运行过程中是否会与周边设备发生碰撞。此外在轨迹应用过程中，例如焊接、切割等，工业机器人工具实体尖端与工件表面的距离需要保证在合理范围内，即既不能与工件发生碰撞，也不能距离过大，从而保证工艺要求。在 RobotStudio 软件的"仿真"选项卡中，有专门用于检测碰撞的功能——碰撞监控。使用该功能的方法和过程如下。

在"仿真"选项卡中，单击"创建碰撞监控"按钮，在左侧"布局"选项卡中生成了"碰撞检测设定_1"文件，展开"碰撞检测设定_1"，显示"ObjectsA"和"ObjectsB"，如图 4.6.1 所示。

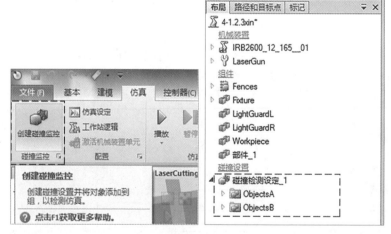

图 4.6.1 打开碰撞监控功能

碰撞集包含"ObjectsA"和"ObjectsB"两组对象，需要将检测的对象放到两组中，从而检测两组对象之间的碰撞。当"ObjectsA"内任何对象与"ObjectsB"内任何对象发生碰撞时，此碰撞将显示在图形视图里并记录在输出窗口内。可在工作站内设置多个碰撞集，但每一碰撞集仅能包含两组对象。

在"布局"选项卡中，可以用单击需要检测的对象，按住鼠标左键，将其拖放到对应的组别。按照图 4.6.2 所示，将工具 "LaserGun" 拖放到 "ObjectsA" 组中，将工具 "WorkPiece" 拖放到 "ObjectsB" 组中。

下面设置碰撞监控属性。用鼠标右键单击 "碰撞检测设定_1"，选择 "修改碰撞监控" 命令。弹出修改碰撞设置对话框，如图 4.6.3 所示。

图 4.6.2　设置碰撞检测对象

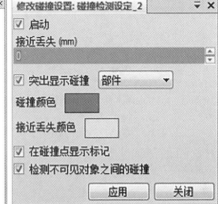

图 4.6.3　设置碰撞监控属性

各部分含义如下。

（1）接近丢失：选择的两组对象之间的距离小于该数值时，则用颜色提示。

（2）突出显示碰撞：选择的两组对象之间发生碰撞时，则显示颜色。

两种监控均有对应的颜色设置。

在此处，可以先暂时设定 "接近丢失" 为 100 mm，"碰撞颜色" 默认为红色，单击 "应用" 和 "关闭" 按钮。然后，单击 "播放" 按钮，查看工业机器人运动中红色和黄色交替出现的情况，如图 4.6.4 所示。这样就可以看到哪些点需要调整。

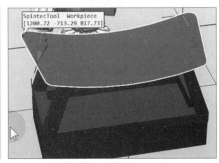

图 4.6.4　碰撞结果显示

离开后，工具会恢复正常的颜色，如图 4.6.5 所示。

在本任务中，工业机器人工具 TCP 的位置相对于工具的实体尖端来说，沿着其 Z 轴正方向偏移了 5 mm，这样将 "接近丢失" 设定为 6 mm，则工业机器人在执行整体轨迹的过程中，可监控工业机器人工具与工件之间距离是否过远，若过远则不显示 "接近丢失颜色"；同时可监控工业机器人工具与工件之间是否发生碰撞，若碰撞则显示 "碰撞颜色"。

工业机器人回到原点位置，将"接近丢失"设为 6 mm，"接近丢失颜色"默认为黄色，单击"应用"按钮，如图 4.6.6 所示。

图 4.6.5　工具恢复正常的颜色　　　　　　图 4.6.6　设置"接近丢失"属性

如图 4.6.7 所示，执行仿真，在初始接近过程中，工具和工件都是初始颜色，而当开始执行工件表面轨迹时，工件和工具显示"接近丢失颜色"。

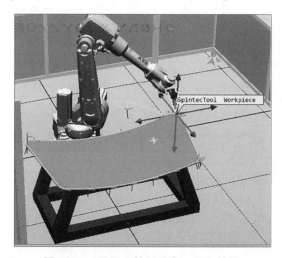

图 4.6.7　显示"接近丢失"运行结果

二、TCP 跟踪功能的使用

在工业机器人运行过程中，可以利用 TCP 跟踪功能监控 TCP 的运动轨迹和运动速度，以便分析时用。可以按照下面的操作进行设定。

在"仿真"选项卡中，单击"监控"工具栏中的"TCP 跟踪"按钮，如图 4.6.8 所示。

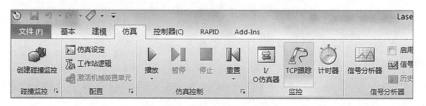

图 4.6.8　TCP 跟踪功能

弹出 TCP 跟踪功能属性设置窗口，如图 4.6.9 所示。TCP 跟踪属性功能说明如表 4.6.1 所示。

表 4.6.1　TCP 跟踪功能属性说明

属性	说明
启用 TCP 跟踪	勾选此复选框可对选定工业机器人的 TCP 路径启动跟踪
跟踪移动的工件	勾选此复选框可激活对移动工件的跟踪
在模拟开始时清除踪迹	勾选此复选框可在仿真开始时清除当前踪迹
主色（基础色）	在此设置跟踪的颜色
信号颜色	勾选此复选框可对所选型号的 TCP 路径分配特定颜色
使用色阶	单击此单选按钮可定义跟踪上色的方式。当信号在"从"和"到"输入框中定义的值之间变化时，跟踪的颜色根据色阶变化
使用副色	指定当信号值达到指定条件时跟踪显示的颜色
显示事件	勾选此复选框可以沿着跟踪路线查看事件
清除 TCP 踪迹	单击此按钮可从图形窗口中删除当前跟踪

首先需要勾选"启用 TCP 跟踪"复选框；"基础色"可默认选为图 4.6.9 所示的粉色，代表 TCP 跟踪的颜色，其余的可根据表 4.6.1 的说明选择性设置，设置完成后关闭该窗口。

为了便于观察以后记录的 TCP 轨迹，此处先将工作站中的路径和目标点隐藏，在"布局"选项卡中，将名称为"Workpiece"的工件隐藏，将名称为"部件"的轨迹隐藏，然后单击"仿真"选项卡中的"播放"按钮，即可查看工业机器人工具移动轨迹上跟踪有一条粉色曲线，通过该曲线可查看工业机器人行走任务的轨迹是否合理。TCP 跟踪结果显示如图 4.6.10 所示。

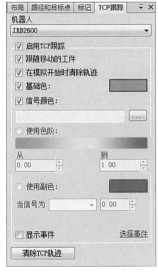

图 4.6.9　TCP 跟踪功能属性设置窗口

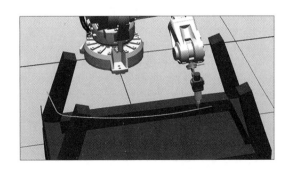

图 4.6.10　TCP 跟踪结果显示

工业机器人运行完成后，可将隐藏的工件和轨迹显示出来，并根据记录的工业机器人轨迹进行分析。

【学习检测】

（1）如何设定碰撞监控和避免碰撞？

（2）如何设定 TCP 跟踪仿真？

（3）如何合理利用离线仿真运行辅助工具？

学习记录单					
姓名		学号		日期	
学习项目：					
任务：			指导老师：		

【考核评价】

"任务 4.6 离线仿真运行辅助工具的使用" 考核表

姓名		学号			日期	年 月 日	
类别	项目	考核内容	得分	总分	评分标准		签名
理论	知识准备（100分）	碰撞监控的设定方法（20分）			根据完成情况和质量打分		
		TCP 跟踪的设定要求（20分）					
		离线仿真运行辅助工具的工程应用要求（40）					
		如何合理使用离线仿真运行辅助工具？（20分）					

续表

类别	项目	考核内容	得分	总分	评分标准	签名
实操	技能要求（50分）	能合理设定和实用碰撞检测和 TCP 跟踪功能			1. 能完成该任务的所有技能项，得满分； 2. 只能完成该任务的一部分技能项，根据情况扣分； 3. 不能正确操作则不得分	
		能根据仿真效果，正确根据离线仿真运行辅助工具判断仿真结果				
		能灵活运用离线仿真运行辅助工具完成对工业机器人运行过程的监测				
	任务完成情况	完成□/未完成□				
	完成质量（40分）	工艺及熟练程度（20分）			1. 任务"未完成"，此项不得分； 2. 任务"完成"，根据完成情况打分	
		工作进度及效率（20分）				
	职业素养（10分）	安全操作、团队协作、职业规范等			1. 未发生操作安全事故； 2. 未发生人身安全事故； 3. 符合职业操作规范； 4. 具有团队意识	
评分说明						
备注	1. 该考核表原则上不能出现涂改现象，否则必须在涂改处签名确认； 2. 该考核表作为学生学习过程考核的标准					

项目四 工业机器人不规则轨迹离线仿真

【学习总结】

_____

_____

_____

_____

_____

_____

_____

_____

_____

_____

项目五 使用事件管理器创建仿真动画

项目描述

在前面学习和训练的基础上，本项目要求学习者能够分析工艺过程，正确分解工艺动作，并创建相关的虚拟仿真模拟动画，主要学会如何使用事件管理器的功能，建立具有动作效果的虚拟仿真应用，配合工业机器人完成符合实际要求的工作任务。本项目的学习和训练能满足客户的定制化要求，为未来将新一代信息技术等能融入工业机器人仿真，实现工业化、信息化的创新，拓展学习思路等奠定基础。搬运工作过程如图 5.0.1 所示。

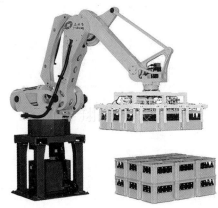

图 5.0.1　搬运工作过程

学习说明

在工业机器人系统应用中，可通过信号的传递实现工业机器人自动判断的功能。在工业机器人仿真操作中，同样需要创建的 I/O 信号和工业机器人程序进行关联，以达到符合实际的动作。在 RobotStudio 软件中，事件管理器可以创建简单实用的动画效果。本项目主要以创建虚拟 I/O 信号、事件管理器关联动作，编写运动程序等为学习内容，使工业机器人对输送带送达的物料实施搬运。本项目的思维导图如图 5.0.2 所示。

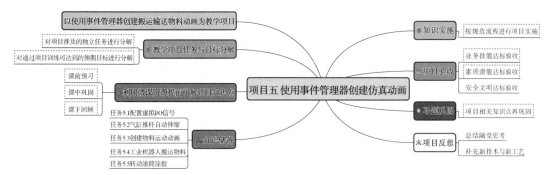

图 5.0.2　项目五的思维导图

教学目标

知识目标：

(1) 学会在 RobotStudio 软件中创建虚拟 I/O 信号的方法；

(2) 学会分析动作工艺流程，并合理地利用事件管理器添加相应动作的方法；

(3) 掌握工业机器人程序编写规范，实现工作过程的自动化仿真。

能力目标：

(1) 能够创建虚拟工业机器人板卡和虚拟 I/O 信号；

(2) 能够利用事件管理器添加合理的事件动作；

(3) 能够创建工业机器人编程路径，并编写规范合理的工业机器人程序；

(4) 能够对工业机器人仿真程序进行仿真设定和效果展示。

素质目标：

(1) 具有质量意识、环保意识、安全意识、信息素养、创新思维；

(2) 注重团队协作和分工；

(3) 具有工匠精神及职业素养；

(4) 具有一定的审美和人文素养。

视频资源

与本项目相关的视频资源如表 5.0.1 所示。

表 5.0.1　项目五视频资源列表

序号	任务	资源名称	二维码	序号	任务	资源名称	二维码
1	配置虚拟 I/O 信号	创建 I/O 信号	二维码 1	3	创建物料运动动画	使用事件管理器创建物料动态运动事件	二维码 3
2	气缸推杆自动伸缩	创建气缸推杆自动伸缩事件	二维码 2	4	工业机器人搬运物料	项目五　搬运物料结果演示	二维码 4
				5	转动滚筒涂胶	运行结果演示	二维码 5

二维码1　　　　二维码2　　　　二维码3　　　　二维码4　　　　二维码5

项目实施

本项目的具体实施过程是：学生组内讨论并填写讨论记录单→根据学习的能力储备内容实施本项目→学生代表发言，汇报项目实施过程中遇到的问题→评价→学生对项目进行总结反思→巩固训练→师生共同归纳总结。

学生分组实施项目。本项目的具体任务如下。

（1）创建符合实际应用的虚拟I/O信号；

（2）用事件管理器关联相关的动作；

（3）通过对信号置位和复位编程，实现信号的开/关，从而驱动机械装置姿态变化。

（4）编译与调试程序。

操作步骤如下。

（1）创建虚拟的工业机器人板卡；

（2）根据信号数量和种类，在虚拟的工业机器人板卡上创建虚拟I/O信号；

（3）打开事件管理器界面，完成对各动作的关联和设置；

（4）编写事件动作程序；

（5）进行仿真设定并运行调试程序。

项目验收

对项目五各项任务的完成结果进行验收、评分，对合格的任务进行接收。本项目学生的成绩主要从项目课前学习的资料查阅报告完成情况（10%）、操作评分表（70%）（表5.0.2）、平时表现（10%）和职业及安全操作规范（10%）等4个方面进行考核。

表5.0.2　操作评分表

任务	技术要求	分值	评分细则	自评分	备注
配置虚拟I/O信号	（1）正确创建虚拟板卡； （2）创建符合地址要求的信号； （3）可查看和手动仿真信号	10	（1）能正确创建虚拟板卡和信号； （2）能正确查看和手动仿真信号		
气缸推杆自动伸缩	（1）事件管理器关联动作和姿态合理； （2）程序编写合理	15	（1）已关联各姿态； （2）气缸推杆自动伸缩正确		
创建物料运动动画	（1）事件管理器关联物料位置和动作合理； （2）程序编写合理	15	（1）完成信号和位置的关联； （2）仿真运行结果符合任务目标		

任务	技术要求	分值	评分细则	自评分	备注
工业机器人搬运物料	（1）能理解工作要求，动作关联合理； （2）工业机器人工具能完成抓、放物料动作； （3）工业机器人工作中无报警等错误	15	（1）工业机器人在工作中各姿态合理； （2）工业机器人能以合理姿态搬运物料且无报错		
转动滚筒涂胶	（1）能正确规划工艺过程； （2）工业机器人工具能正确完成上下轨迹涂胶负工作； （3）工业机器人工作中无报警等错误	15	（1）工业机器人工作中各姿态合理； （2）滚筒转动动作能合理匹配工业机器人； （3）工业机器人能正确完成涂胶任务且无报错		
安全操作	符合上机实训操作要求	15	违反安全文明操作，视情况扣5~10分		
职业素养	具有爱国情怀和创新意识	15	口头汇报本项目的学习对个人未来职业的规划和发展有什么启发		

项目工单

在项目实施环节中，学习者需按照表5.0.3所示学习工作单的栏目做好记录和说明，作为对项目五实施过程的记录，并为下一项目的交接和实施提供依据。

表 5.0.3　"项目五 事件管理器创建仿真动画" 学习工作单

姓名		班组		日期	年　　月　　日
准备情况	工业机器人的信号种类及其配置方法：			需说明的情况：	
	物料搬运中各动作类型整理：				
	列表说明本项目中所用到的信号：				
	使用事件管理器创建动画的方法说明：				
	信号相关的指令及其使用格式说明：				

续表

姓名			班组			日期	年　　月　　日	
实施说明	布局本项目工作站，创建工业机器人系统：						需说明的情况：	
	参照列表配置虚拟板卡和虚拟 I/O 信号：							
	分析并添加本项目中所有的动作：							
	编译和调试运行程序：							
完成情况	已完成工业机器人系统的创建和工作站的布局				□是　□否			
	已建立虚拟板卡和所有虚拟 I/O 信号				□是　□否			
	已添加和关联所有事件动作				□是　□否			
	已完成程序的编写和调试，并仿真演示合理				□是　□否			
备注								

任务 5.1　配置虚拟 I/O 信号

【知识储备】

I/O 是 Input/Output 的缩写，即输入/输出。工业机器人可通过 I/O 端口与外部设备进行交互。在 ABB 工业机器人中可配置数字量输入 DI、数字量输出 DO、模拟量输入 AI、模拟量输出 AO、组输入 GI 和组输出 GO 6 种信号。数字量输入信号用于开关，如按钮、行程开关等；传感器，如光电传感器等；继电器，以及触摸屏中的开关。数字量输出信号用于控制各种线圈和阀，如继电器线圈、电磁阀等；各种指示类设备，如指示灯等。

ABB 工业机器人标准 I/O 板挂在 DeviceNet 现场总线上，通过 X5 端口与 DeviceNet 现场总线进行通信。不同的 I/O 板分布有不同类型和数量的信号端口，因此，只有先定义安装的板卡，才能在该板卡下定义相关的信号。在工业机器人仿真模拟中，要想实现与实际生产应用一致的工艺，同样需要创建虚拟的 I/O 信号和工业机器人程序进行关联。

一、认识 ABB 工业机器人标准 I/O 板

1. 标准 I/O 板类型

ABB 工业机器人标准 I/O 板如表 5.1.1 所示。

5

表 5.1.1　ABB 工业机器人标准 I/O 板

标准 I/O 板型号	说明	标准 I/O 板型号	说明
DSQC 651	分布式 I/O 模块 DI8/DO8 AO2	DSQC 653	分布式 I/O 模块 DI8/DO8（带继电器型）
DSQC 652	分布式 I/O 模块 DI16/DO16	DSQC 377B	输送带跟踪模块

2. DSQC651 板

DSQC651 板提供 8 个数字量输入信号、8 个数字量输出信号和 2 个模拟量输出信号的处理，输出电流最大为 500 mA。其中 X1 端口为数字量输出信号端口，X3 端口为数字量输入信号端口，各端口介绍如表 5.1.2 所示。

表 5.1.2　DSQC651 板的 X1、X3 端口介绍

X1 端口编号	使用定义	分配地址	X3 端口编号	使用定义	分配地址
1	Output CH1	32	1	Input CH1	0
2	Output CH2	33	2	Input CH2	1
3	Output CH3	34	3	Input CH3	2
4	Output CH4	35	4	Input CH4	3
5	Output CH5	36	5	Input CH5	4
6	Output CH6	37	6	Input CH6	5
7	Output CH7	38	7	Input CH7	6
8	Output CH8	39	8	Input CH8	7
9	0V	—	9	0V	—
10	24VX3 端口	—	10	未使用	—

3. DSQC652 板

DSQC652 板提供 16 个数字量输入信号、16 个数字量输出信号的处理，输出电流最大为 500mA。其中 X1、X2 端口为数字量输出信号端口，X3、X4 端口为数字量输入信号端口，各端口介绍如表 5.1.3 所示。

表 5.1.3　DSQC652 板的 X1、X2、X3、X4 端口介绍

X1 端口编号	使用定义	分配地址	X1 端口编号	使用定义	分配地址
1	Output CH1	0	6	Output CH6	5
2	Output CH2	1	7	Output CH7	6
3	Output CH3	2	8	Output CH8	7
4	Output CH4	3	9	0 V	—
5	Output CH5	4	10	24 V	—

X2 端口编号	使用定义	分配地址	X2 端口编号	使用定义	分配地址
1	Output CH9	8	6	Output CH14	13
2	Output CH10	9	7	Output CH15	14
3	Output CH11	10	8	Output CH16	15
4	Output CH12	11	9	0 V	—
5	Output CH13	12	10	24 V	—
X3 端口编号	使用定义	分配地址	X4 端口编号	使用定义	分配地址
1	Input CH1	0	1	Input CH9	8
2	Input CH2	1	2	Input CH10	9
3	Input CH3	2	3	Input CH11	10
4	Input CH4	3	4	Input CH12	11
5	Input CH5	4	5	Input CH13	12
6	Input CH6	5	6	Input CH14	13
7	Input CH7	6	7	Input CH15	14
8	Input CH8	7	8	Input CH16	15
9	0 V	—	9	0 V	—
10	未使用	—	10	未使用	—

4. DSQC653 板

DSQC653 板提供 8 个数字量输入信号、8 个数字量输出信号的处理，输出电流最大为 2A。其中 X1 端口为数字量输出信号端口，X3 端口为数字量输入信号端口，各端口介绍如表 5.1.4 所示。

表 5.1.4　DSQC653 板的 X1、X3 端口介绍

X1 端口编号	使用定义	分配地址	X1 端口编号	使用定义	分配地址
1	Output CH1A	0	9	Output CH5A	4
2	Output CH1B		10	Output CH5B	
3	Output CH2A	1	11	Output CH6A	5
4	Output CH2B		12	Output CH6B	
5	Output CH3A	2	13	Output CH7A	6
6	Output CH3B		14	Output CH7B	
7	Output CH4A	3	15	Output CH8A	7
8	Output CH4B		16	Output CH8B	

X3 端口编号	使用定义	分配地址	X3 端口编号	使用定义	分配地址
1	Input CH1	0	9	0 V	—
2	Input CH2	1	10~16	未使用	
3	Input CH3	2	—	—	—
4	Input CH4	3	—	—	—
5	Input CH5	4	—	—	—
6	Input CH6	5	—	—	—
7	Input CH7	6	—	—	—
8	Input CH8	7	—	—	—

5. DSQC337B 板

DSQC377B 板主要提供工业机器人输送带跟踪功能的同步开关与编码器信号的处理。一块输送带跟踪板卡只能对应一条需要跟踪的输送带，若同时需要跟踪多条输送带，则需要配置对应数量的板卡。ABB 工业机器人最多可同时跟踪 6 条输送带。X20 是编码器与同步开关的端口，其介绍如表 5.1.5 所示。

表 5.1.5　DSQC377B 板的 X20 端口介绍

X20 端口编号	使用定义	X20 端口编号	使用定义
1	24 V	6	编码器 B 相接线端（视情况调整）
2	0 V	7	同步传感器 24 V 接线端
3	编码器 24 V 电源接线端	8	同步传感器 0 V 接线端
4	编码器 0 V 电源接线端	9	同步传感器信号接线端
5	编码器 A 相接线端（视情况调整）	10 ~ 16	未使用

二、虚拟板卡的配置

在真实工业机器人中，需要根据控制柜实际安装的板卡型号，在示教器中进行配置。在工业机器人虚拟仿真中，同样需要配置虚拟板卡，这里以配置 DSQC652 板卡为例进行介绍。

导入一个工业机器人，并创建工业机器人系统（选中 "709-1" 和 "969-1Profibus"）。选择 "控制器"→"配置编辑器"→"I/O System" 选项，如图 5.1.1 所示。

打开图 5.1.2 所示的界面，在 "类型" 列表中找到 "DeviceNet Device" 并用鼠标右键单击，选择 "新建 DeviceNet Device" 命令，打开图 5.1.3 所示新建虚拟板卡界面。

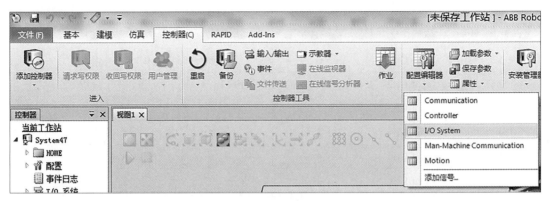

图 5.1.1　选择"I/O System"选项

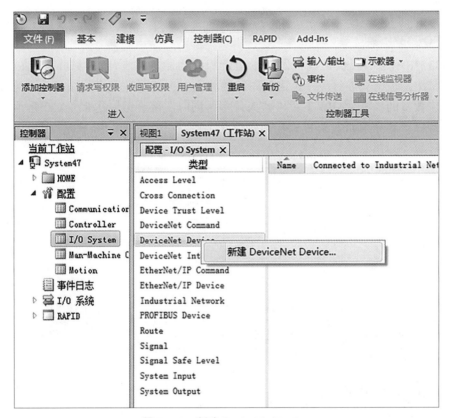

图 5.1.2　新建 DeviceNet Device

　　只需要设置板卡类型、名称和地址即可。"使用来自模板的值"选择"DSQC652"，"Name"设为"d652"，"Address"设为"10"，如图 5.1.4 所示，设置完成后单击"确定"按钮。弹出询问是否需要重启的对话框，单击"确定"按钮（等信号设定完成后一并重启）。

图 5.1.3　新建虚拟板卡界面

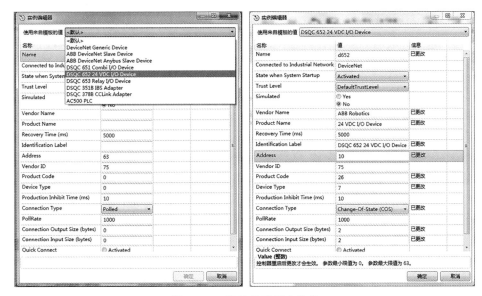

图 5.1.4　修改虚拟板卡信息

这样，即完成了虚拟板卡的配置。

三、配置虚拟信号

信号需要建立在板卡的平台上才能配置，回到图 5.1.2 所示的界面，在"类型"列表中找到"Signal",并用鼠标右键单击,选择"新建Signal"命令,如图5.1.5所示,打开图5.1.6所示的虚拟信号定义界面。

图5.1.5 "新建Signal"命令

图5.1.6 虚拟信号定义界面

只需要设置名称、信号类型、板卡和地址即可。"Name"设为:"DO_Huosai";"Type of Signal"选择"Digital Output","Assigned to Device"选择"d652","Device Mapping"可设为0~15,定义完成后如图5.1.7所示,单击"确定"按钮。所有信号设定完成后,按照图5.1.8所示选择"重启动(热启动)"命令,即可完成对该系统的重启操作。

图5.1.7 定义虚拟信号

图5.1.8 重启系统

重启完成后，在界面的列表中出现新建的信号"DO_Huosai"，如图 5.1.9 所示。

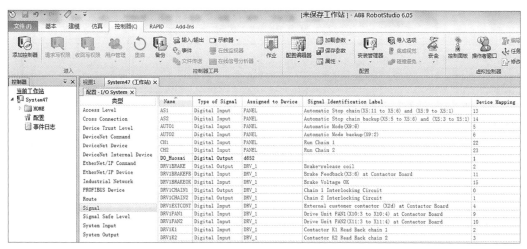

图 5.1.9　完成信号配置

【学习检测】

（1）ABB 工业机器人信号有哪几种？

（2）ABB 工业机器人能配置几种型号的板卡？

（3）熟记不同板卡的数字量信号地址。

（4）如何配置虚拟 I/O 信号？

【学习记录】

学习记录单					
姓名		学号		日期	
学习项目：					
任务：				指导老师：	

【考核评价】

"任务 5.1 配置虚拟 I/O 信号" 考核表

姓名		学号			日期	年　月　日	
类别	项目	考核内容		得分	总分	评分标准	签名
理论	知识准备 （100分）	ABB 工业机器人信号有哪几种？相关指令有哪些？（20分）				根据完成情况和质量打分	
		ABB 工业机器人有几种型号的板卡？（20分）					
		不同板卡的数字量信号有多少？（20分）					
		写出配置虚拟 I/O 信号的过程（40分）					
实操	技能要求 （50分）	能正确创建工业机器人系统				1. 能完成该任务的所有技能项，得满分； 2. 只能完成该任务的一部分技能项，根据情况扣分； 3. 不能正确操作则不得分	
		能正确配置虚拟板卡					
		能正确配置虚拟 I/O 信号					
	任务完成情况	完成□/未完成□					
	完成质量 （40分）	工艺及熟练程度（20分）				1. 任务"未完成"，此项不得分； 2. 任务"完成"，根据完成情况打分	
		工作进度及效率（20分）					
	职业素养 （10分）	安全操作、团队协作、职业规范、强国责任等				1. 未发生操作安全事故； 2. 未发生人身安全事故； 3. 符合职业操作规范； 4. 具有团队意识	
评分说明							
备注	1. 该考核表原则上不能出现涂改现象，否则必须在涂改处签名确认； 2. 该考核表作为学生学习过程考核的标准						

【学习总结】

_____

_____

_____

_____

_____

_____

_____

_____

_____

_____

_____

任务 5.2   气缸推杆自动伸缩

【知识储备】

本任务利用事件管理器，创建出气缸推杆自动伸缩的动画效果。

一、创建气缸机械装置

1. 导入并分离气缸模型

1）导入气缸模型

在"基本"选项卡中，选择"导入几何体"→"浏览几何体"命令，将气缸模型导入 RobotStudio 软件视图，如图 5.2.1 所示。

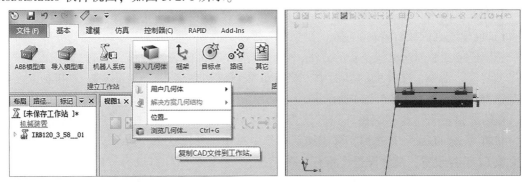

图 5.2.1　导入气缸模型

2）分离出推杆模型

在"建模"选项卡中，单击"组件组"按钮，在列表中新建一个组件组，单击鼠标右键重命名为"推杆"，如图 5.2.2 所示。

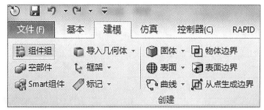

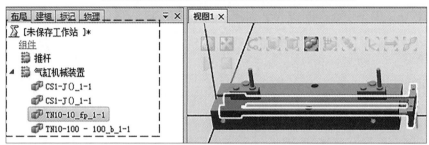

图 5.2.2　新建组件组

将左侧推杆模型的名称（TN10-10_fp_1-1）拖入新建的组件组（利用组件组分离出推杆模型），如图 5.2.3 所示。

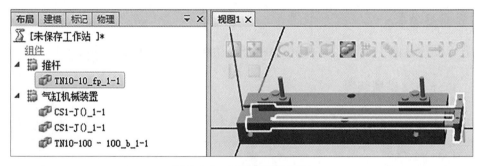

图 5.2.3　分离出推杆模型

2. 创建和编译气缸机械装置

1）创建气缸机械装置

按照任务 3.3 创建机械装置的方法，创建该推杆的机械装置动作。选择"建模"→"创建机械装置"命令，在弹出的界面中，将机械装置模型命名为"QiGang"，"机械装置类型"选择"设备"，如图 5.2.4 所示。

双击"链接"，"链接名称"可默认为"L1"，"所选组件"选择"气缸机械装置"，勾选"设置为 BaseLink"复选框，并添加到右侧主页中，如图 5.2.5 所示，单击"应用"按钮完成 L1 链接设置；继续设置"推杆"的链接，"链接名称"可设为"L2"，"所选组件"选择"推杆"，添加到右侧主页中，单击"应用"按钮完成 L2 链接设置。全部设置完成后单击"取消"按钮关闭"创建链接"对话框。

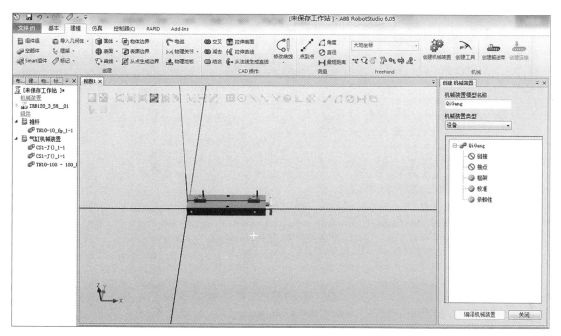

图 5.2.4　创建"QiGang"机械装置

图 5.2.5　设置链接

双击"接点","关节名称"可默认为"J1","关节类型"选择"往复的";选中"捕捉边缘"工具（以确定第一个位置和第二个位置的运动正方向），设置关节极限值为 0～100，单击"应用"按钮，如图 5.2.6 所示。单击"取消"按钮关闭"创建 接点"对话框。

设置完成结果如图 5.2.7 所示。

2）编译气缸机械装置

创建完成后，单击下方的"编译机械装置"按钮，并单击下方的"添加"按钮，分别创建推杆伸出和缩回的姿态，如图 5.2.8 所示。

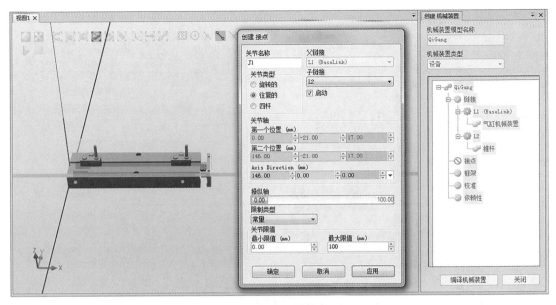

图 5.2.6　设置接点

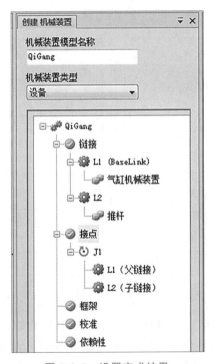

图 5.2.7　设置完成结果

　　最后设置两个姿态转换时间。单击下方的"设置转换时间"按钮，打开"设置转换时间"对话框。将全部选项设置成同一个数即可，这里都设置为"3"，如图 5.2.9 所示。设置完成后单击"确定"按钮关闭该对话框，单击"关闭"按钮关闭"创建 机械装置"对话框。

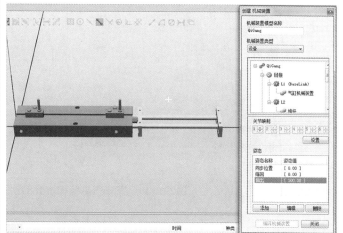

图 5.2.8　创建推杆伸出和缩回姿态

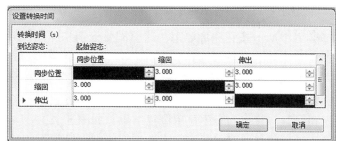

图 5.2.9　设置姿态转换时间

回到视图界面，单击"手动关节"按钮，可手动拉动推杆伸出和缩回，如图 5.2.10 所示。

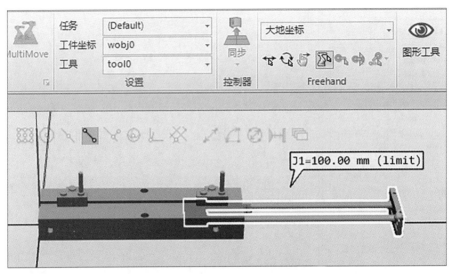

图 5.2.10 完成气缸机械装置的创建

二、事件管理器添加事件动作

单击"仿真"选项卡的"配置"工具栏右下角箭头按钮，打开"事件管理器"界面，如图 5.2.11 所示。

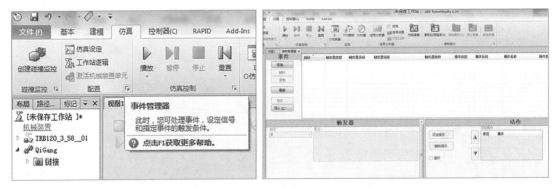

图 5.2.11 打开"事件管理器"界面

单击"添加"按钮添加姿态，这里需要分别添加推杆伸出和缩回两个姿态。

添加推杆伸出姿态，选择"添加"→"下一个"→"Do_Huosai"选项，单击"信号是 True('1')"单选按钮，单击"下一个"→"将机械装置移至姿态"→"下一个"按钮，"机械装置"选择"QiGang"，"姿态"选择"伸出"，单击"完成"按钮，完成推杆伸出姿态的添加和设置，并在列表中显示设置结果，如图 5.2.12 所示。

继续添加推杆缩回姿态，完成推杆缩回姿态设置。选择"添加"→"下一个"→"Do_Huosai"选项，单击"信号是 False('0')"单选按钮，单击"下一个"→"将机械装置移至姿态"→"下一个"按钮，"机械装置"选择"QiGang"，"姿态"选择"缩回"，单击"完成"按钮，完成推杆缩回姿态的添加和设置，如图 5.2.13 所示。

图 5.2.12　添加和设置推杆伸出姿态

图 5.2.13　添加和设置推杆缩回姿态

设置完成的动作信息在事件管理器列表中显示，如图 5.2.14 所示。

三、创建运行程序

利用事件管理器完成运行姿态和信号的关联后，需要编写运行程序控制信号来实现置位/复位，从而控制所关联的机械装置实现姿态的自动变化。

图 5.2.14 完成动作和信号的关联

1. 信号置位/复位指令

I/O 控制指令用于控制 I/O 信号，以达到与工业机器人周边设备进行通信的目的，常用的 I/O 控制指令如下。

1）Set 数字信号置位指令

Set 数字信号置位指令用于将工业机器人 I/O 板的数字输出信号置为"1"。指令使用格式：Set DO_Huosai，表示置位该信号。

2）ReSet 数字信号复位指令

ReSet 数字信号复位指令用于将工业机器人 I/O 板的数字输出信号置为"0"。指令使用格式：ReSet DO_Huosai，表示复位该信号。

3）SetDo 指令

SetDo 指令可用于置位和复位信号。指令使用格式：SetDo DO_Huosai 1，表示置位该信号；SetDo DO_Huosai 0，表示复位该信号。

4）WaitDI 数字输入信号判断指令

WaitDI 数字输入信号判断指令用于判断数字输入信号的值是否与目标一致。

5）WaitDO 数字输出信号判断指令

WaitDO 数字输出信号判断指令用于判断数字输出信号的值是否与目标一致。

2. 编写程序

新建一个空路径，将名称修改为"HuoSai"，单击鼠标右键，选择"插入逻辑指令"命令，在弹出的对话框的"指令模板"列表框中选择"Set"指令，并在"Signal"后的下拉列表中选择"DO_Huosai"选项，如图 5.2.15 所示。

以同样的操作，分别添加 WaitTime 3 指令，以便到达该姿态后等待 3 s 再执行下一条指令。编写完成的运行程序如图 5.2.16 所示。将该运行程序导入 RAPID 后，通过仿真设定，在"仿真"选项卡中单击"播放"按钮,即可看到气缸推杆自动伸出和缩回,且两个姿态运行时间为 3 s。

图 5.2.15　添加 Set 指令

图 5.2.16　编写完成的运行程序

【学习检测】

（1）如何分离出气缸模型中的推杆模型?

（2）写出创建气缸机械装置的操作步骤。

（3）本任务中事件管理器关联了哪些事件动作？

（4）通过案例训练，写出如何合理选择事件管理器中的"设定动作类型"选项。

（5）常用的信号控制指令有哪些？分别举例写出其使用功能和要求。

【学习记录】

学习记录单					
姓名		学号		日期	
学习项目：					
任务：				指导老师：	

【考核评价】

"任务5.2 气缸推杆自动伸缩"考核表

姓名		学号			日期	年　月　日	
类别	项目	考核内容	得分	总分		评分标准	签名
理论	知识准备（100分）	什么是组件组？写出其应用功能（10分）				根据完成情况和质量打分	
		写出事件管理器关联事件动作的操作步骤（30分）					
		事件管理器中的"设定动作类型"选项有哪些？（20）					
		常用的信号控制指令有哪些？（40分）					

类别	项目	考核内容	得分	总分	评分标准	签名
实操	技能要求（50分）	能熟练创建气缸机械装置			1. 能完成该任务的所有技能项，得满分； 2. 只能完成该任务的一部分技能项，根据情况扣分； 3. 不能正确操作则不得分	
		能熟练利用事件管理器关联事件动作				
		能编写控制程序并正确运行				
	任务完成情况	完成□/未完成□				
	完成质量（40分）	工艺及熟练程度（20分）			1. 任务"未完成"，此项不得分； 2. 任务"完成"，根据完成情况打分	
		工作进度及效率（20分）				
	职业素养（10分）	安全操作、团队协作、职业规范、强国责任等			1. 未发生操作安全事故； 2. 未发生人身安全事故； 3. 符合职业操作规范； 4. 具有团队意识	
评分说明						
备注	1. 该考核表原则上不能出现涂改现象，否则必须在涂改处签名确认； 2. 该考核表作为学生学习过程考核的标准					

项目五　使用事件管理器创建仿真动画

【学习总结】

_____

_____

_____

_____

_____

_____

_____

_____

_____

_____

_____

_____

_____

_____

_____

任务 **5.3**　创建物料运动动画

【**知识储备**】

本任务主要利用事件管理器对 4 个信号所对应的位置进行关联，并在程序中对该 4 个信号进行置位/复位控制，从而实现物料的位置移动动作，呈现物料运动的动画。

一、创建运动模型

1. 导入工业机器人

打开 RobotStudio 软件后，新建空工作站，从 ABB 模型库中任意导入一个工业机器人，并创建工业机器人系统。

2. 创建模型

在"建模"选项卡中，利用创建矩形体的方法创建一个包含物料和平台的模型，平台的尺寸为 1 200 mm×600 mm×80 mm，物料的尺寸为 200 mm×200 mm×100 mm，创建完成后在左侧列表中生成"部件_1"和"部件_2"两个文件，如图 5.3.1 所示。

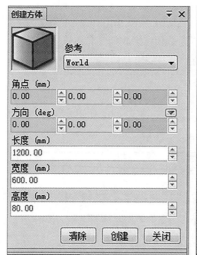
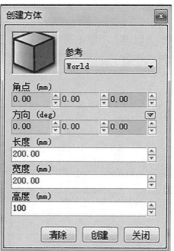

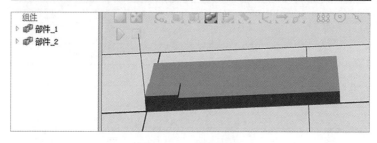

图 5.3.1　创建模型

3. 修改模型属性

1）修改名称和颜色

双击"部件_1"或"部件_2"或用鼠标右键单击"部件_1"或"部件_2"，选择"重命名"命令，将名称分别修改为"平台"和"物料"。用鼠标右键单击"部件_1"或"部件_2"，选择"修改"→"设定颜色"命令，分别修改两个模型的颜色，修改后的结果如图5.3.2所示。

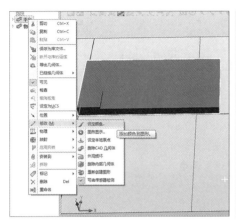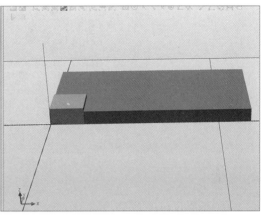

图5.3.2　修改名称和颜色

2）修改物料和平台的相对位置

模型的创建均以大地坐标系原点为基准，因此创建完成后，两个模型的原点处于同一个点位，需要根据实际要求，调整物料位置，使地面和平台的上表面重合，并使物料处于平台端部的中点位置。因此，需要将物料沿着 X、Y、Z 3 个方向偏移，按照两个模型所在的初始位置，可以算出物料沿着 Z 轴方向向上偏移 80 mm，沿着 Y 轴正方向偏移 200 mm，X 轴方向不变。

用鼠标右键单击"物料"，选择"位置"→"偏移位置"选项，在弹出的对话框中，分别在 X、Y、Z 3 个位置输入"0""200""80"，单击"应用"按钮并关闭该对话框，如图5.3.3所示。

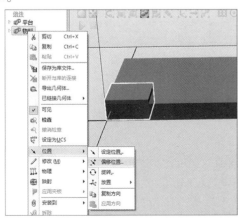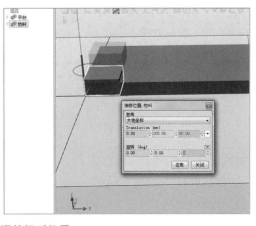

图5.3.3　调整相对位置

调整完成后如图 5.3.4 所示。

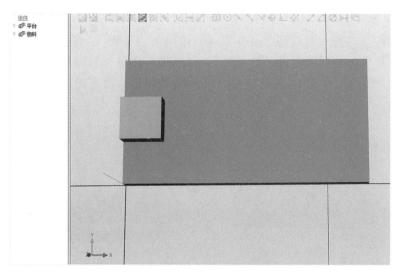

图 5.3.4　完成相对位置调整

二、创建虚拟 I/O 信号

按照任务 5.1 所示的操作，分别创建 4 个输出信号，分别为 DO_Pos1、DO_Pos2、DO_Pos3、DO_Pos4，它们分别代表物料在平台上的 4 个位置。创建完成后如图 5.3.5 所示。

Name	Type of Signal	Assigned to Device	Signal Identification Label	Device Mapping
AS1	Digital Input	PANEL	Automatic Stop chain(X5:11 to X5:6) and (X5:9 to X5:1)	13
AS2	Digital Input	PANEL	Automatic Stop chain backup(X5:5 to X5:6) and (X5:3 to X5:1)	14
AUTO1	Digital Input	PANEL	Automatic Mode(X9:6)	5
AUTO2	Digital Input	PANEL	Automatic Mode backup(X9:2)	6
CH1	Digital Input	PANEL	Run Chain 1	22
CH2	Digital Input	PANEL	Run Chain 2	23
DO_Pos1	Digital Output	d652		3
DO_Pos2	Digital Output	d652		4
DO_Pos3	Digital Output	d652		5
DO_Pos4	Digital Output	d652		6
DRV1BRAKE	Digital Output	DRV_1	Brake-release coil	2
DRV1BRAKEFB	Digital Input	DRV_1	Brake Feedback(X3:6) at Contactor Board	11
DRV1BRAKEOK	Digital Input	DRV_1	Brake Voltage OK	15
DRV1CHAIN1	Digital Output	DRV_1	Chain 1 Interlocking Circuit	0
DRV1CHAIN2	Digital Output	DRV_1	Chain 2 Interlocking Circuit	1

图 5.3.5　完成虚拟 I/O 信号的创建

三、事件管理器关联动作

按照任务 5.2 所示的操作，打开"事件管理器"界面，分别选中"DO_Pos1""DO_Pos2""DO_Pos3""DO_Pos4"信号，单击"信号是 True('1')"单选按钮，单击"下一个"按钮查看动作，在下一页面中，在"设定动作类型"下拉列表中选择"移动对象"选项，并单击"下一个"按钮，如图 5.3.6 所示。

图 5.3.6　设定触发器条件和动作类型

在下一页面中，"要移动的对象"选择"物料"，在右边位置数据的设置上，需要考虑实际位置要求，即物料在平台上移动时，物料相对于平台只在 X 轴方向发生位置变化，而且长度不能超过 1 000 mm ［（1 200–200）mm］，根据平台长度和位置间距，设定 4 个 X 轴方向的位置数据分别为"1 000""700""350""0"，单击"完成"按钮，即完成事件动作关联，如图 5.3.7 所示。

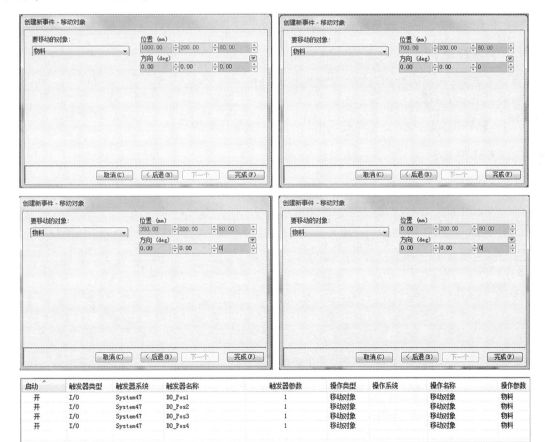

图 5.3.7　完成事件动作关联

四、编写运行程序

按照任务 5.2 所示的操作，编写运行程序，如图 5.3.8 所示。

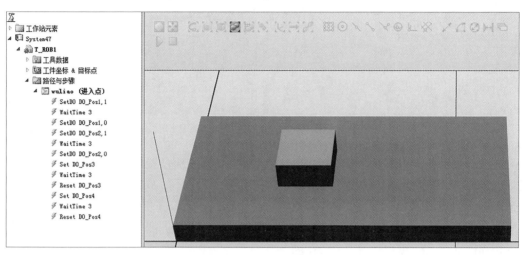

图 5.3.8 编写运行程序

【学习检测】

（1）本任务中事件管理器关联了哪些事件动作？

（2）如何完成物料的位置设定？

（3）以样例程序为例，思考并写出其他可实现本任务的程序。

【学习记录】

学习记录单					
姓名		学号		日期	
学习项目：					
任务：				指导老师：	

【考核评价】

"任务 5.3 创建物料运动动画"考核表

姓名		学号			日期	年　　月　　日	
类别	项目	考核内容		得分	总分	评分标准	签名
理论	知识准备 （100分）	本任务中事件管理器关联了哪些事件动作？（20分）				根据完成情况和质量打分	
		如何完成物料的位置设定？（30分）					
		以样例程序为例，思考并写出其他可实现本任务的程序（50）					
实操	技能要求 （50分）	能熟练完成模型的创建				1. 能完成该任务的所有技能项，得满分； 2. 只能完成该任务的一部分技能项，根据情况扣分； 3. 不能正确操作则不得分	
		能熟练创建信号并关联事件动作					
		能编写控制程序并正确运行					
	任务完成情况	完成□/未完成□					
	完成质量 （40分）	工艺及熟练程度（20分）				1. 任务"未完成"，此项不得分； 2. 任务"完成"，根据完成情况打分	
		工作进度及效率（20分）					
	职业素养 （10分）	安全操作、团队协作、职业规范、强国责任等				1. 未发生操作安全事故； 2. 未发生人身安全事故； 3. 符合职业操作规范； 4. 具有团队意识	
评分说明							
备注	1. 该考核表原则上不能出现涂改现象，否则必须在涂改处签名确认； 2. 该考核表作为学生学习过程考核的标准						

项目五　使用事件管理器创建仿真动画

【学习总结】

_____

_____

_____

_____

_____

_____

_____

_____

_____

_____

_____

_____

_____

_____

任务 5.4　　工业机器人搬运物料

【知识储备】

对吸盘工具创建信号，利用事件管理器关联抓放物料动作，从而完成利用吸盘工具对物料模型进行搬运的操作。

一、建立工业机器人虚拟信息

1. 布局搬运工作站

按照前面的操作方法，导入 IRBA120 工业机器人、已创建好的吸盘工具（"ZuHe_Tool"）、已创建好的立体模型（物料），并利用"从布局…"选项创建工业机器人系统，完成对搬运工作站的布局，如图5.4.1所示。

2. 创建虚拟 I/O 信号

按照任务 5.1 所示的操作，创建 1 个输出信号（DO_T），作为吸盘工具抓、放物料的信号。

3. 事件管理器关联动作

按照任务 5.2 所示的操作，打开"事件管理器"界面，选中"DO_T"信号，在右边"触发器条件"区域，单击"信号是 True（'1'）"单选按钮，单击"下一个"按钮查看动作。在下一页面中，在"设定动作类型"下拉列表中，选择"附加对象"选项，并单击

"下一个"按钮，在"附加对象"下拉列表中选择"物料"选项，在"安装到"下拉列表中选择"ZuHe_Tool"选项，并单击"保持位置"单选按钮，设置完后单击"完成"按钮，完成"抓"的动作设置。继续设置"放"的动作。选中"DO_T"信号，右边"触发器条件"区域，单击"信号是 False（'0'）"单选按钮，单击"下一个"按钮查看动作，在下一页面中，在"设定动作类型"下拉列表中，选择"提取对象"选项，并单击"下一个"按钮，在"提取对象"下拉列表中选择"物料"选项，在"提取于"下拉列表中选择"ZuHe_Tool"选项，设置完后单击"完成"按钮，完成"放"的动作设置，如图 5.4.2 所示。

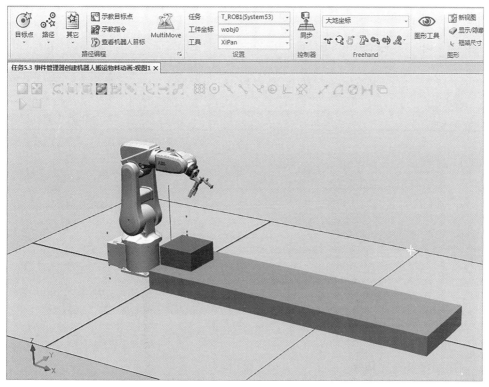

图 5.4.1　布局搬运工作站

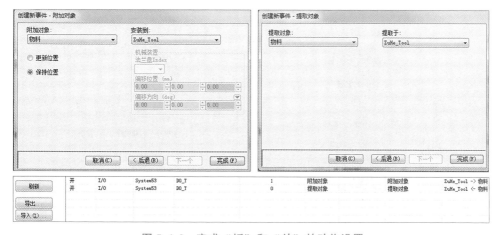

图 5.4.2　完成"抓"和"放"的动作设置

二、编写工业机器人搬运程序

1. 规划工业机器人搬运工作点

根据工业机器人搬运物料的工作路径和要求，本任务规划了表 5.4.1 所示搬运工作点。具体的工作点位如图 5.4.3 中的轨迹曲线所示。

表 5.4.1　搬运工作点

序号	点位名称	说明	序号	点位名称	说明
1	p_Home	工业机器人原点位置	7	p_zhong3	中间位置 3
2	p_zhua_jie	抓物料前位置	8	p_fang_jie	放置物料前位置
3	p_zhua	抓物料位置	9	p_fang	放置物料位置
4	p_zhua_li	抓取物料离开位置	10	p_fang_li	放置物料后离开位置
5	p_zhong1	中间位置 1	11	p_zhong4	中间位置 4
6	p_zhong2	中间位置 2	12	p_Home	工业机器人原点位置

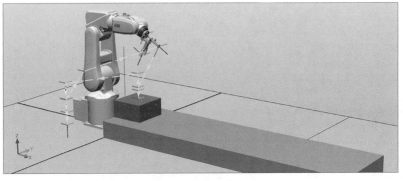

图 5.4.3　搬运工作轨迹

2. 创建路径并编写程序

创建"Path_10"空路径，并在该路径中完成搬运样例程序的编写，如图 5.4.4 所示。

图 5.4.4　搬运样例程序

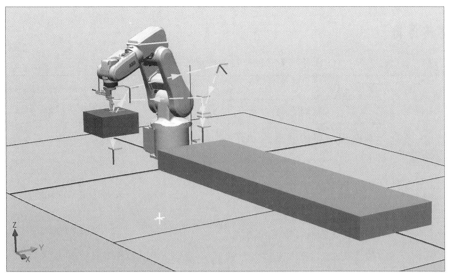

图 5.4.4 搬运样例程序 （续）

【学习检测】

（1）如何创建搬运信号和关联搬运动作？

（2）如何正确规划工业机器人工作路径和点位设计？

（3）如何完成程序的编写和调试？

（4）如何利用本任务的思路设计其他类似工作任务？

【学习记录】

学习记录单					
姓名		学号		日期	
学习项目：					
任务：				指导老师：	

【考核评价】

"任务 5.4 工业机器人搬运物料" 考核表

姓名		学号		日期		年　　月　　日	
类别	项目	考核内容	得分	总分		评分标准	签名
理论	知识准备 （100分）	事件管理器关联搬运动作 （20分）				根据完成情况和质量打分	
		工业机器人工作点位设计 （30分）					
		搬运程序的编写规范和调试方法（50）					
实操	技能要求 （50分）	能熟练完成信号的建立、动作的添加				1. 能完成该任务的所有技能项，得满分； 2. 只能完成该任务的一部分技能项，根据情况扣分； 3. 不能正确操作则不得分	
		能正确示教工业机器人各工作点并保证工业机器人合理运行					
		能合理调试工业机器人程序，使结果完美					
	任务完成情况	完成□/未完成□					
	完成质量 （40分）	工艺及熟练程度（20分）				1. 任务"未完成"，此项不得分； 2. 任务"完成"，根据完成情况打分	
		工作进度及效率（20分）					
	职业素养 （10分）	安全操作、团队协作、职业规范、强国责任等				1. 未发生操作安全事故； 2. 未发生人身安全事故； 3. 符合职业操作规范； 4. 具有团队意识	
评分说明							
备注	1. 该考核表原则上不能出现涂改现象，否则必须在涂改处签名确认； 2. 该考核表作为学生学习过程考核的标准						

【学习总结】

_____

_____

_____

_____

_____

_____

_____

_____

_____

_____

_____

_____

_____

_____

任务 5.5 转动滚筒涂胶

【知识储备】

本任务完成转动滚筒涂胶工作。在滚筒上、下表面各有涂胶任务，当工业机器人完成上表面的涂胶任务后，滚筒自动转动至下表面朝上，工业机器人等待后继续执行下表面的涂胶任务。

操作步骤如下。

（1）导入围栏、底座、工具模型，创建滚筒模型和涂胶轨迹原线段，选用合适的工业机器人，将工具模型创建成工具，并安装至工业机器人法兰盘上，建立工业机器人系统，建立工件坐标系。

（2）规划涂胶轨迹原线段，并利用"投影曲线"在滚筒表面生成涂胶轨迹。

（3）创建滚筒机械装置。

（4）创建滚筒转动信号。

（5）通过事件管理器关联转动动作。

（6）生成工业机器人运行程序。

（7）配置工业机器人关节参数。

（8）创建 main 主程序，建立工业机器人运行仿真动作。

一、布局转动滚筒涂胶工作站

1. 导入工作站模型

导入围栏、底座、IRB4600 工业机器人等工作站模型，并将建立的工业机器人工具安装至工业机器人法兰盘上，按照工作空间要求，摆放各模型至合适的位置，如图 5.5.1 所示。

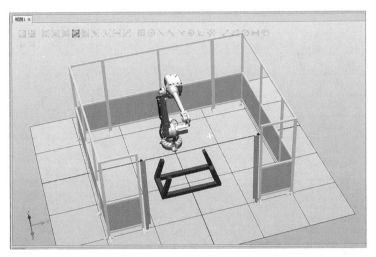

图 5.5.1 导入转动滚筒涂胶工作站模型

2. 建立和安装滚筒模型

1）建立模型

通过量取得知，底座长度为 1 313 mm，放滚筒的支架长 994 mm、宽 480 mm。为了符合滚筒的摆放要求，创建的滚筒尺寸为高 1 800 mm、半径 300 mm；滚筒转轴长度为 2 000 mm，半径为 3 mm。将建立好的滚筒和转轴分别转动 90°，并使其保持在"0，0，0"的坐标位置，如图 5.5.2 所示。

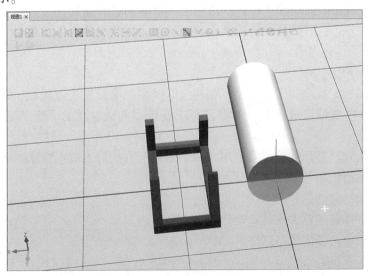

图 5.5.2 滚筒和转轴模型

2）安装模型

应用"最短距离"测量工具，量取当前滚筒位置和支架位置的最短距离为 350 mm，支架宽度为 660 mm，如图 5.5.3 所示。

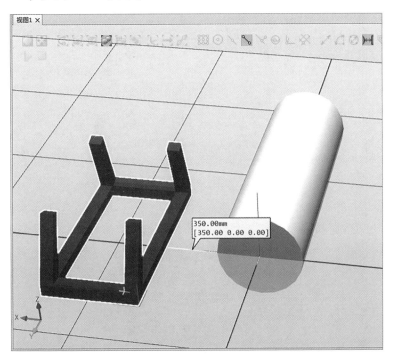

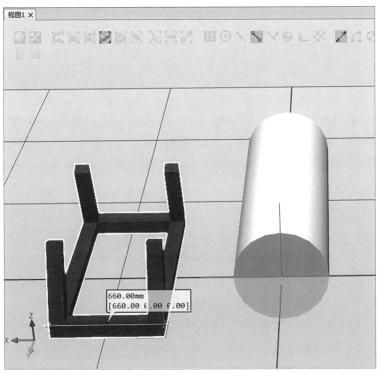

图 5.5.3　确定滚筒和支架的距离

通过测量和计算得知，滚筒中心到支架中心的距离为 $300+350+330=980$（mm），因此，将滚筒和转轴分别沿 X 方向偏移 980 mm，使滚筒和转轴中心同支架中心重合。调整滚筒和转轴在 Y、Z 方向的距离，在长度方向上使滚筒位于支架中心位置，并同实际安装姿态保持一致，安装后的结果如图 5.5.4 所示。

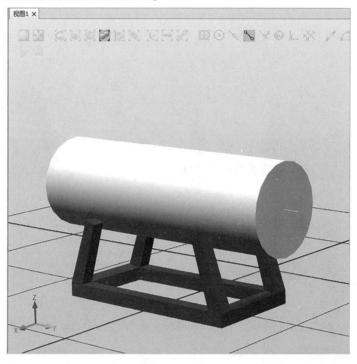

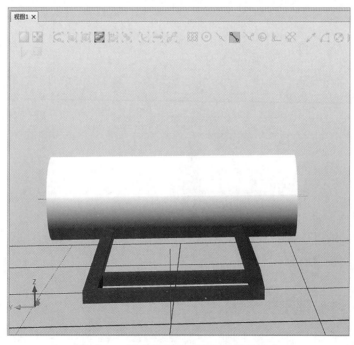

图 5.5.4　滚筒和转轴安装于支架的姿态

3）建立转动滚筒涂胶工作站系统

工作站布局完成后创建工业机器人系统（修改"语言"为"Chinese"，选中"709-1"和"969-1Profibus"），并建立名称为"WobJ"的工件坐标系。最终效果如图 5.5.5 所示。

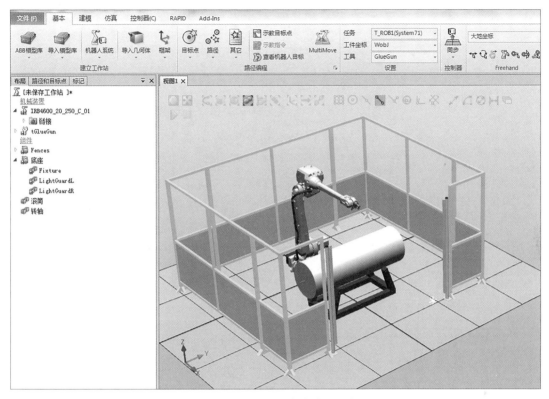

图 5.5.5　转动滚筒涂胶工作站

二、建立涂胶工作轨迹

1. 创建平面曲线

通过分析，需要绘制的平面曲线为图 5.5.6 所示的平面矩形波，在软件中，根据曲线绘制顺序，输入每个点的坐标值（X，Y）即可。

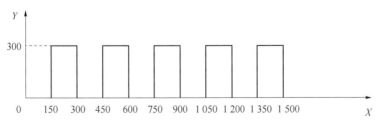

图 5.5.6　轨迹平面分析图

操作过程如下。

打开"建模"选项卡，选择"曲线"→"多线段"选项，按照坐标图中的顺序，添加21个点的坐标，创建一个平面矩形波，并可通过偏移或手动拖动方式，将其放置于滚筒上方位置，如图5.5.7所示。

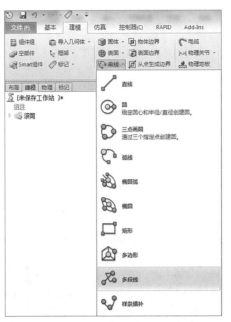

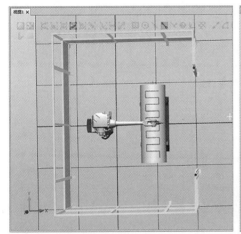
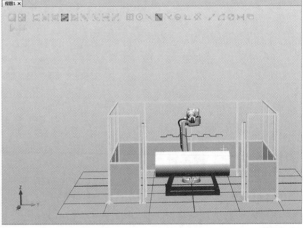

图 5.5.7　调整平面矩形波的位置

2. 生成滚筒的涂胶曲线

打开"建模"选项卡，选择"修改曲线"→"投影曲线"选项，在左侧的"要投影曲线"框中单击该平面曲线，在"目标体"框中选择滚筒，单击"确定"按钮，即可在滚筒上生成该平面曲线的投影曲线，这里由于对称关系，在滚筒上、下表面各生成投影曲线，并修改名称为"滚筒涂胶轨迹"，分别修改两条曲线的颜色，如图5.5.8所示。

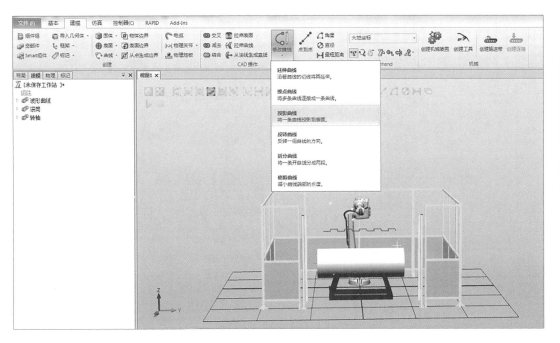

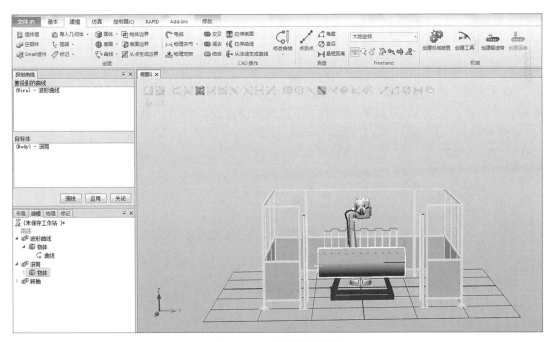

图 5.5.8　生成投影曲线

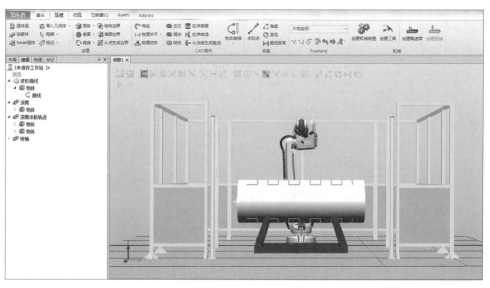

图 5.5.8　生成投影曲线（续）

三、创建转动滚筒机械装置

1. 模型分组

在工作时，滚筒和滚筒上的两条轨迹绕着转轴转动，工作中转轴处于静止状态，滚筒和两条轨迹处于运动状态，因此，需要提前将滚筒模型和生成的两条工作轨迹放入同一组。这里利用新建"组件组"（名称为"转动装置"）完成该操作。

2. 创建机械装置

在"建模"选项卡中选择"创建机械装置"命令，在"机械装置模型名称"文本框中输入"转动滚筒"，在"机械装置类型"下拉列表中选择"设备"选项，如图 5.5.9 所示。

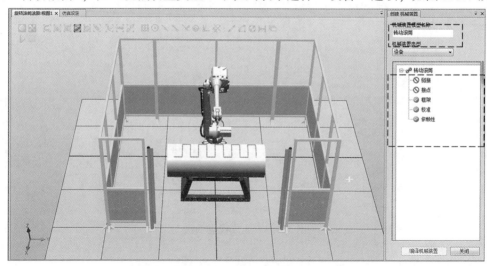

图 5.5.9　创建转动滚筒机械装置

1）添加链接

双击"链接"选项进行修改，在弹出的对话框中，"链接名称"选择"L1"，"所选部件"选择"转轴"，勾选"设置为BaseLink"复选框，单击添加部件按钮，单击"应用"按钮，完成对父链接的添加，如图5.5.10所示。

图 5.5.10　添加父链接

继续添加子链接，修改"链接名称"为"L2"；"所选部件"选择"转动装置"；单击添加部件按钮，然后单击"应用"和"确定"按钮，完成对滑块链接的添加，如图5.5.11所示。

图 5.5.11　添加滑块链接

设置完成后，单击"取消"按钮，回到"创建 机械装置"页面，可查看已添加完成的链接，如图5.5.12所示。

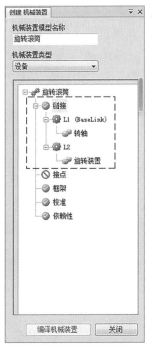

图 5.5.12　链接添加完成

2）添加接点

双击"接点"选项，在弹出的对话框中，"关节类型"选择"旋转的"；"关节轴"的两个位置确定转动轴的轴线方向。本任务中的转动轴为细长圆柱，故需要激活"捕捉中心"功能，分别在"第一个位置"和"第二个位置"框中选择该转动轴的两端底面的圆心，如图 5.5.13 所示。

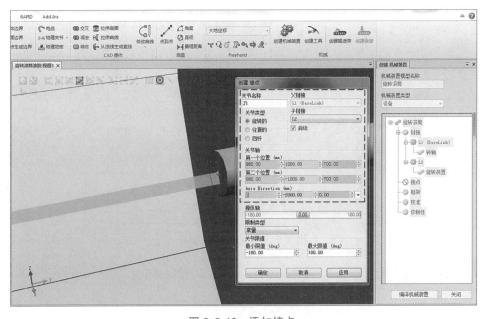

图 5.5.13　添加接点

在"关节限值"区域分别设定转动角度的范围，这里最小限值设定为0°，最大限值根据预览效果，在保证底面轨迹能转动到上方的情况下，设定为180°，如图5.5.14所示，完成接点的设置。

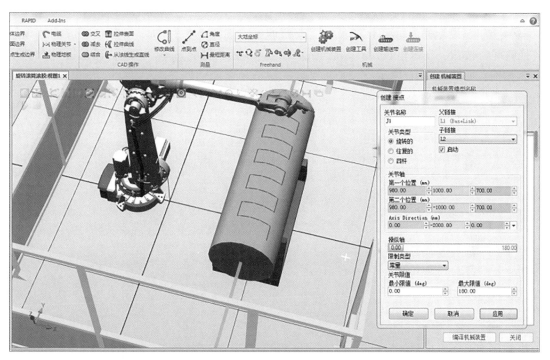

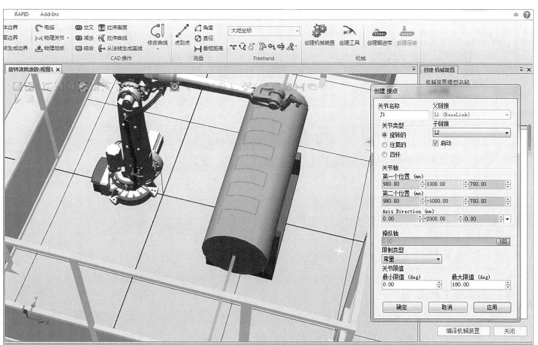

图 5.5.14　设定转动角度的范围

3）编译机械装置

完成链接和接点的添加后，需要对所创建的机械装置进行编译。在弹出的对话框中，单击下方的"编译机械装置"按钮，单击"添加"按钮，以添加转动的两个姿态的位置数据："关节值"为0时"姿态名称"为"初始位置"，"关节值"为180时"姿态名称"为"翻转位置"。设定完成后单击"取消"按钮即可，如图5.5.15所示。单击下方的"设置转换时间"按钮，在这里设定在两个姿态之间转换所经历的时间为3 s，完成后单击"确定"按钮，如图5.5.16所示。

图 5.5.15　设定两个姿态

图 5.5.16　设定两个姿态转换时间

设定完成后，打开"建模"选项卡，选择"手动关节"选项，在视图中用鼠标拖动滑块就可以看到滑块在滑台上的相对运动。

四、创建滚筒转动信号

1. 虚拟板卡的配置

在真实工业机器人中，需要根据控制柜实际安装的板卡型号，在示教器中进行配置。在工业机器人虚拟仿真中，同样需要配置虚拟板卡，本任务以配置652板卡为例进行介绍。

选择"控制器"→"配置编辑器"→"I/O System"选项，如图5.5.17所示。

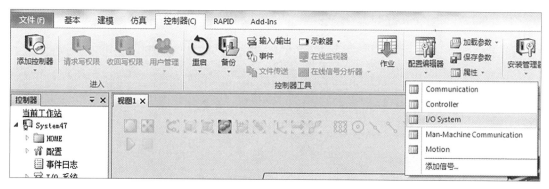

图 5.5.17 打开 "I/O System" 编译功能

打开图 5.5.18 所示的界面，在"类型"列表中找到"DeviceNet Device"并用右键鼠标单击，选择"新建 DeviceNet Device"命令，打开图 5.5.19 所示新建虚拟板卡的界面。

只需要设置板卡类型、名称和地址即可。"使用来自模板的值"选择"DSQC652"，"Name"设为"d652"，"Address"设为"10"，如图 5.5.20 所示，设置完成后单击"确定"按钮。弹出询问是否需要重启的对话框，单击"确定"按钮（等信号设定完成后一并重启）。

这样，即完成了虚拟板卡的配置。

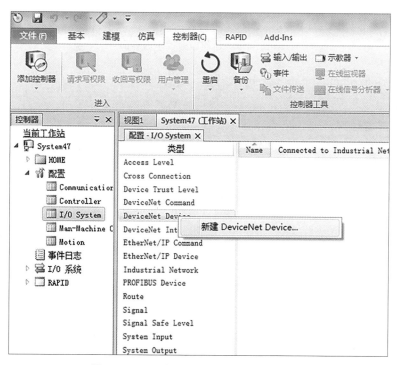

图 5.5.18 "新建 DeviceNet Device"命令

图 5.5.19　新建虚拟板卡的界面

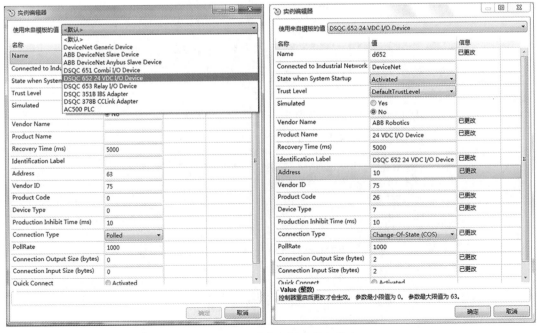

图 5.5.20　完成虚拟板卡信息修改

2. 配置虚拟信号

在板卡上配置一个数字量输出信号，用于控制滚筒自动转动。回到打开"I/O System"编译功能的界面，在"类型"列表中找到"Signal"，并用鼠标右键单击，选择"新建Signal"命令，如图 5.5.21 所示，打开图 5.5.22 所示的修改虚拟信号信息界面。

图 5.5.21　"新建 Signal"命令

图 5.5.22　修改虚拟信号信息界面

设置名称、信号类型、板卡和地址即可。"Name"设为"Do_Guntong","Type of Signal"设为"Digital Output","Assigned to Device"设为"d652","Device Mapping"在0~15 范围内选择，定义完成后如图 5.5.23 所示，单击"确定"按钮。所有信号设定完成后，按照图 5.5.24 所示选择"重启"→"重启动（热启动）"命令，即可完成对该系统的重启操作。

图 5.5.23　虚拟信号配置界面

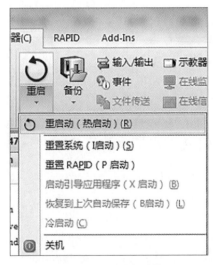

图 5.5.24　重启系统

重启完成后，在界面的列表中出现新建的信号"Do_Guntong"，如图 5.5.25 所示。

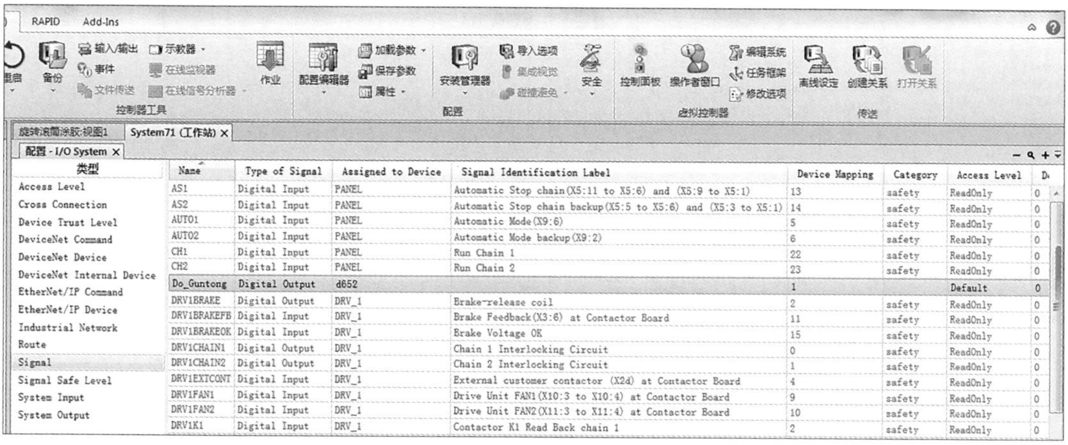

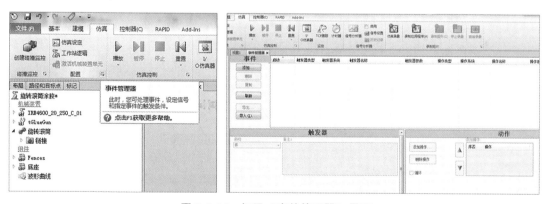

图 5.5.25　完成信号配置

五、事件管理器关联转动动作

1. 添加动作

单击"仿真"选项卡的"配置"工具栏右下角箭头按钮，打开"事件管理器"界面，如图 5.5.26 所示。

图 5.5.26　打开"事件管理器"界面

单击"添加"按钮添加姿态，这里需要分别添加滚筒"初始位置"和"翻转位置"两个姿态转换的动作。

（1）"翻转位置"设置。单击"添加"→"下一个"按钮，选中"Do_Guntong"，单击"信号是 True（1'）"单选按钮，单击"下一个"按钮，在"设定动作类型"下拉列表中选择"将机械装置移至姿态"选项，单击"下一个"按钮，在"机械装置"下拉列表中选择"转动滚筒"选项，在"姿态"下拉列表中选择"翻转位置"选项，单击"完成"按钮，完成翻转动作设置，并在列表中显示设置结果，如图 5.5.27 所示。

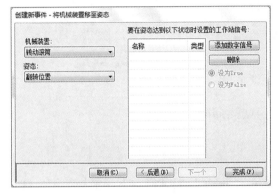

图 5.5.27　到达翻转位置动作

（2）"初始位置"设置。单击"添加"→"下一个"按钮，选中"Do_Guntong"，单击"信号是 False（'0'）"单选按钮，单击"下一个"按钮，在"设定动作类型"下拉列表中选择"将机械装置移至姿态"选项，单击"下一个"按钮，在"机械装置"下拉列表中选择"转动滚筒"选项，在"姿态"下拉列表中选择"初始位置"选项，单击"完成"按钮，完成回到初始位置动作设置，如图 5.5.28 所示。

图 5.5.28　到达初始位置动作

设置完成的动作信息在事件管理器列表中显示，如图 5.5.29 所示。

图 5.5.29　完成动作和信号的关联

2. 编译滚筒转动程序

利用事件管理器完成运行姿态和信号的关联后，需要编写程序控制信号实现置位/复位，通过运行程序，实现置位/复位，从而控制所关联的机械装置实现姿态的自动变化。

新建一空路径，将名称修改为"GunTong"，用鼠标右键单击，选择"插入逻辑指令"命令，在弹出的对话框的"指令模板"列表中选择"Set"指令，并在"Signal"中选择"DO_Guntong"，如图 5.5.30 所示。

图 5.5.30　添加 Set 指令

以同样的操作，分别添加 WaitTime 5 指令，使到达该姿态后等待 5 s 再执行下一条指令。编写完成后的程序如图 5.5.31 所示。将该程序导入 RAPID 后，通过仿真设定，在"仿真"选项卡中单击"播放"按钮，即可查看到滚筒自动转动的动作，且两个姿态的运行时间为 3 s。

图 5.5.31　滚筒转动程序

六、生成工业机器人运行程序

工业机器人需要单独运行两条滚筒涂胶轨迹。由于轨迹和滚筒已生成独立的机械装置，原先生成的滚筒表面的轨迹已不能单独选取，这里需要建立两个空路径，单独示教程序点作为子程序。

1. 创建 chushi 子程序

建立空路径，并修改名称为"chushi"，手动调整滚筒至初始姿态，根据该表面的涂胶轨迹，分别手动示教各点位并生成运行程序，工作点位的规划及其说明如表 5.5.1 所示。

表 5.5.1　初始姿态涂胶轨迹目标点

序号	点位名称	说明	序号	点位名称	说明
1	chu_jie	第一个工作点的过渡点	6	chu_5	第五个工作点
2	chu_1	第一个工作点	7	chu_6	第六个工作点
3	chu_2	第二个工作点	8	chu_7	第七个工作点
4	chu_3	第三个工作点	……	……	……
5	chu_4	第四个工作点	9	chu_Li	工作完成后的离开点

示教完成后，对该路径进行工业机器人关节自动配置，最终的程序如图 5.5.32 所示。

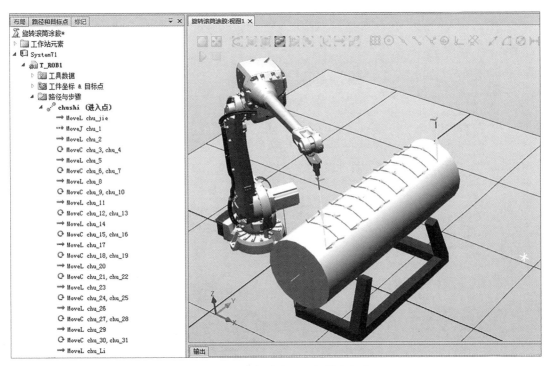

图 5.5.32　初始姿态工业机器人程序

2. 创建 fanzhuan 子程序

建立空路径，并修改名称为"fanzhuan"，手动调整滚筒至翻转姿态，根据该表面的涂胶轨迹，分别手动示教各点位并生成运行程序，工作点位的规划及其说明如表 5.5.2 所示。

表 5.5.2　翻转姿态涂胶轨迹目标点

序号	点位名称	说明	序号	点位名称	说明
1	fan_jie	第一个工作点的过渡点	6	fan_5	第五工作个点
2	fan_1	第一个工作点	7	fan_6	第六工作个点
3	fan_2	第二个工作点	8	fan_7	第七工作个点
4	fan_3	第三个工作点	……	……	……
5	fan_4	第四个工作点	9	fan_Li	工作完成后的离开点

示教完成后，对该路径进行工业机器人关节自动配置，最终的程序如图 5.5.33 所示。

3. 创建 main 主程序

工业机器人工作工艺要求：滚筒处于初始姿态，工业机器人从原点运行至工作接近点，等待 2 s 后进入工作点完成该表面的涂胶任务，运行至离开点后回到原点等待；此时滚筒转动至翻转姿态，工业机器人开始从原点位置运行至该表面的工作接近点后完成该表面的涂胶任务，运行至该离开点后回到原点等待，依此循环。

创建 main 主程序，将"chushi"和"fanzhuan"两个子程序添加至 main 主程序中，并

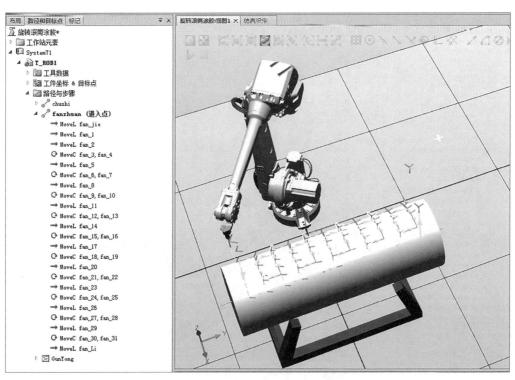

图 5.5.33　翻转姿态工业机器人程序

根据动作要求，添加工业机器人工作 home 点指令、信号控制程序、等待时间程序等，最终的程序如图 5.5.34 所示。

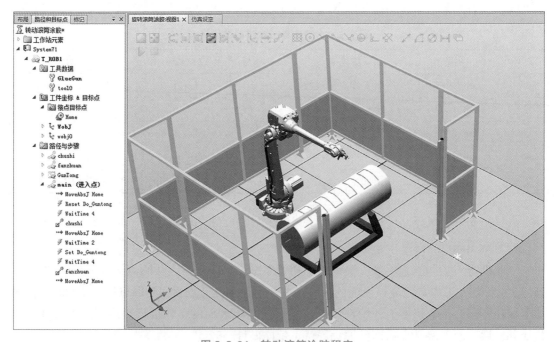

图 5.5.34　转动滚筒涂胶程序

【学习检测】

（1）如何创建滚筒涂胶轨迹？
（2）如何正确规划机器人工作路径和点位设计？
（3）如何完成程序的编写和调试？
（4）思考如何利用该任务的思路，设计其他类似的工作任务。

【学习记录】

学习记录单					
姓名		学号		日期	
学习项目：					
任务：			指导老师：		

【考核评价】

"任务 5.5 转动滚筒涂胶"考核表

姓名		学号		日期		年 月 日	
类别	项目	考核内容	得分	总分	评分标准		签名
理论	知识准备（100分）	事件管理器关联动作（20分）			根据完成情况和质量打分		
		工业机器人工作点位设计（30分）					
		工业机器人程序的编写规范和调试方法（50）					

续表

类别	项目	考核内容		得分	总分	评分标准	签名
实操	技能要求 （50分）	能熟练完成信号的建立、动作的添加				1. 能完成该任务的所有技能项，得满分； 2. 只能完成该任务的一部分技能项，根据情况扣分； 3. 不能正确操作则不得分	
		能正确示教工业机器人各工作点位并保证工业机器人合理运行					
		能合理调试工业机器人程序，使结果完美					
	任务完成情况	完成□／未完成□					
	完成质量 （40分）	工艺及熟练程度（20分）				1. 任务"未完成"，此项不得分； 2. 任务"完成"，根据完成情况打分	
		工作进度及效率（20分）					
	职业素养 （10分）	安全操作、团队协作、职业规范、强国责任等				1. 未发生操作安全事故； 2. 未发生人身安全事故； 3. 符合职业操作规范； 4. 具有团队意识	
评分 说明							
备注	1. 该考核表原则上不能出现涂改现象，否则必须在涂改处签名确认； 2. 该考核表作为学生学习过程考核的标准						

【学习总结】

_____

_____

_____

_____

_____

_____

_____

_____

_____

_____

项目六 搬运码垛工作站的创建与仿真

项目描述

工业机器人需要对图 6.0.1 所示长方体产品在码盘上完成码垛工艺。工艺流程：输送链输送物料到末端，工业机器人接到到位信号后保证合适姿态运行，使夹具位于输送链末端物料上方，下移抓取物料（物料移开后输送链端同步生成新的物料运行）并根据码垛类型放置到码盘上，工业机器人回到初始位置等待抓取下一物料。结合二十大报告精神学习本项目，坚持把发展经济的着力点放在实体经济上，智能制造是实体经济的重要载体，是加快推进工业化和信息化的重要力量，也是建设智造强国、质量强国的保障。

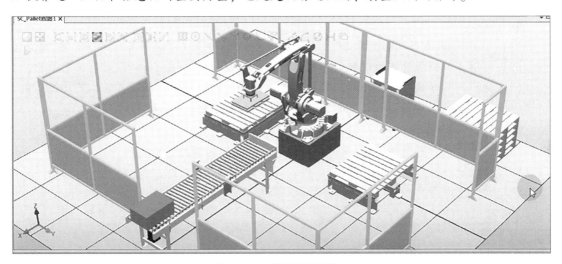

图 6.0.1 搬运码垛工作站

学习说明

在综合的或复杂的工业机器人系统实际应用中，需要工业机器人能够正确地同周边设备配合工作。本项目主要以搬运码垛仿真工作站为学习载体，利用 Smart 组件实现对动态输送链、码垛工业机器人夹具等复杂动画效果的创建和实施，并进一步熟悉其他 Smart 组件的功能，达到灵活选用和设置属性的目的。本项目的思维导图如图 6.0.2 所示。

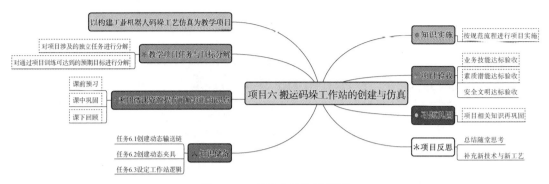

图 6.0.2　项目六的思维导图

知识目标：

（1）掌握 Smart 组件的功能和应用，并认识各模块的组件及其属性；

（2）学会选用创建动态输送链和动态夹具的 Smart 组件；

（3）学会根据实际应用要求，对所选择的组件进行属性设置和功能完善；

（4）学会设定 Smart 组件的工作站逻辑。

能力目标：

（1）了解 Smart 组件的子组件功能，并能够根据生产工艺要求，判断并选用合适的子组件；

（2）能够正确分析动态输送链的工艺过程，选择合适的组件，正确设置其工艺属性；

（3）能够正确分析动态夹具的工艺过程，选择合适的组件，正确设置其工艺属性；

（4）能够正确设定 Smart 组件的工作站逻辑，并使其建立正确的码垛工作过程。

素质目标：

（1）注重团队协作和分工；

（2）具有工匠精神及职业素养；

（3）具有一定的审美和人文素养。

与本项目相关的视频资源如表 6.0.1 所示。

表 6.0.1　项目六视频资源列表

序号	任务	资源名称	二维码	序号	任务	资源名称	二维码
1	创建动态输送链	创建产品的拷贝（Source）	二维码 1	2	创建动态夹具	建立夹具的组件	二维码 5
		产生的拷贝沿输送链运送到末端	二维码 2			创建信号和连结属性	二维码 6
		创建属性与连结	二维码 3	3	设定工作站逻辑	工作站逻辑设定	二维码 7
		创建属性与连结及效果演示	二维码 4				

二维码1　　　　　二维码2　　　　　二维码3　　　　　二维码4

二维码5　　　　　二维码6　　　　　二维码7

项目实施

本项目的具体完成过程是：学生组内讨论并填写讨论记录单→根据学习的能力储备内容实施本项目→学生代表发言，汇报项目实施过程中遇到的问题→评价→学生对项目进行总结反思→巩固训练→师生共同归纳总结。

学生分组实施项目，本项目的具体任务如下。

（1）应用 Smart 组件设定输送链产品源；

（2）应用 Smart 组件设定输送链运动属性；

（3）应用 Smart 组件设定输送链限位传感器；

（4）应用 Smart 组件设定夹具属性；

（5）应用 Smart 组件设定检测传感器；

（6）应用 Smart 组件设定拾取放置动作；

（7）创建 Smart 组件的属性与连接；

（8）创建 Smart 组件的信号与连接；

（9）Smart 组件的模拟动态运行；

（10）工业机器人程序模板及信号说明；

（11）设定工作站逻辑；

（12）仿真运行。

操作步骤如下。

（1）分段分析各部分工艺，做好工作过程设计；

（2）合理选用 Smart 组件生成产品源并产生队列；

（3）合理选用 Smart 组件设定输送链运动属性；

（4）编译输送链末端限位传感器；

（5）创建已选用 Smart 组件（输送链）的属性与连接；

（6）创建已选用 Smart 组件（输送链）的信号与连接；

（7）动态模拟输送链输送物料运行；

（8）选用 Smart 组件设定夹具抓放动作；

（9）编译夹具抓放物料传感器；

（10）创建已选用 Smart 组件（夹具）的属性与连接；

（11）创建已选用 Smart 组件（夹具）的信号与连接；

（12）设定工作站逻辑与演示仿真效果

项目验收

对项目六各项任务的完成结果进行验收、评分，对合格的任务进行接收。本项目学生的成绩主要从项目课前学习的资料查阅报告完成情况（10%）、操作评分表（70%）（表 6.0.2）、平时表现（10%）和职业及安全操作规范（10%）等 4 个方面进行考核。

表 6.0.2　操作评分表

任务	技术要求	分值	评分细则	自评分	备注
创建动态输送链	（1）工艺合理； （2）合理设定输送链产品源并产生队列； （3）合理设定输送链运动属性； （4）设定输送链限位传感器； （5）创建 Smart 组件的属性与连接； （6）创建 Smart 组件的信号与连接；	20	（1）物料能沿着输送链运行； （2）物料能运行至输送链末端后停止； （3）手动移掉该物料后，能产生新的物料并运行		
创建动态夹具	（1）设定夹具属性； （2）设定检测传感器； （3）设定抓放物料动作； （4）创建 Smart 组件的属性与连接； （5）创建 Smart 组件的信号与连接	20	（1）手动操作夹具能抓取物料； （2）手动操作夹具能释放物料		
设定工作站逻辑	满足工作站逻辑设定要求	30	（1）工业机器人能完成整个自动运行轨迹； （2）能实现工业机器人自动抓取和放置物料； （3）能完整 2 个及以上物料的自动码垛		
安全操作	符合上机实训操作要求	15	违反安全文明操作，视情况扣 5~10 分，课后能规范整理桌椅等		
职业素养	具有爱国情怀和创新意识	15	青年强则国强，作为新时代青年大学生，说说以本项目的学习为启发，在进行综合性较强的工业机器人工作仿真时，如何考虑其关键问题和创新点		

项目工单

在项目实施环节中，学习者需按照表 6.0.3 所示学习工作单的栏目做好记录和说明，作为对项目六实施过程的记录，并为下一项目的交接和实施提供依据。

表 6.0.3 "项目六 搬运码垛工作站的创建与仿真" 学习工作单

姓名			班组		日期	年　　月　　日
准备情况	常用 Smart 组件的类型、功能和使用方法：					需说明的情况：
	动态输送链的工艺过程分析：					
	动态夹具的工艺过程分析：					
	码垛工业机器人工艺程序设计：					
	搬运码垛工作站中所有信号交互、连接属性关系的设计：					
实施说明	根据动态输送链工艺，选用组件并设置其属性：					
	根据动态夹具工艺，选用组件并设置其属性：					
	在 RAPID 中根据码垛工艺编写码垛程序：					
	根据搬运码垛工作站中的动作逻辑关系，建立符合应用的连接：					
完成情况	已完成动态输送链和动态夹具的创建			□是　□否		
	已完成码垛工业机器人程序的编译			□是　□否		
	已完成搬运码垛工作站中各逻辑关系的设定			□是　□否		
备注						

任务 **6.1**　创建动态输送链

【知识储备】

在 RobotStudio 中创建搬运码垛仿真工作站，输送链的动态效果对整个工作站起到一个关键的作用，如图 6.1.1 所示。搬运码垛系统的动态输送链工艺分析：一是输送链前端自动生成物料，即设定产品源；二是物料能随着输送链向前运动，即设定输送链运动属性；三是物料到达输送链末端后停止运动，即设定限位传感器；四是物料被移走后输送链前端再次生成物料……，依此循环。

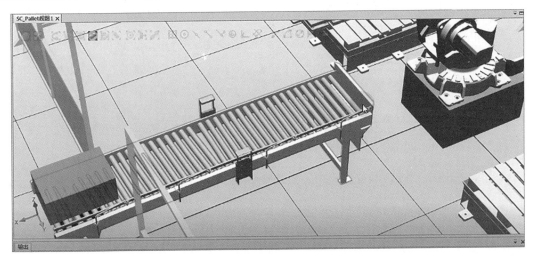

图 6.1.1　动态输送链

一、认识 Smart 组件

Smart 组件是 RobotStudio 实现动画效果的高效工具，主要用于创建复杂工艺的仿真动画。Smart 组件主要包括"信号与属性""参数建模""传感器""动作""本体"和"其它"6 个子组件，如图 6.1.2 所示。

1. 信号和属性

"信号和属性"子组件如表 6.1.1 所示。

2. 参数建模

"参数建模"子组件如表 6.1.2 所示。

3. 传感器

"传感器"子组件如表 6.1.3 所示。

图 6.1.2　Smart 组件的子组件

表 6.1.1 "信号和属性"子组件

序号	子组件名称	序号	子组件名称	序号	子组件名称	序号	子组件名称
1	LogicGate	5	LogicSRLatch	9	Comparer	13	MlutiTimer
2	LogicExpression	6	Converter	10	Counter	14	StopWatch
3	LogicMux	7	VectorConverter	11	Repeater	—	—
4	LogicSplit	8	Expression	12	Timer	—	—

表 6.1.2 "参数建模"子组件

序号	子组件名称	序号	子组件名称	序号	子组件名称	序号	子组件名称
1	ParametricBox	3	ParametricLine	5	LinearExtrusion	7	MatrixRepeater
2	ParametricCylinder	4	ParametricCircle	6	LinearRepeater	8	CircularRepeater

表 6.1.3 "传感器"子组件列表

序号	子组件名称	序号	子组件名称	序号	子组件名称	序号	子组件名称
1	CollisionSensor	3	PlaneSensor	5	PositionSensor	7	JointSensor
2	LineSensor	4	VolumeSensor	6	ClosestObject	8	GetParent

4. 动作

"动作"子组件如表 6.1.4 所示。

表 6.1.4 "动作"子组件

序号	子组件名称	序号	子组件名称	序号	子组件名称	序号	子组件名称
1	Attacher	3	Source	5	Show	7	JointSensor
2	Detacher	4	Sink	6	Hide	8	SetParent

5. 本体

"本体"子组件如表 6.1.5 所示。

表 6.1.5 "本体"子组件

序号	子组件名称	序号	子组件名称	序号	子组件名称	序号	子组件名称
1	LinearMover	3	Rotator	5	PoseMover	7	Positioner
2	LinearMover2	4	Rotator2	6	JointMover	8	MoveAlongCurve

6. 其他

"其他"子组件如表 6.1.6 所示。

表 6.1.6 "其他" 子组件

序号	子组件名称	序号	子组件名称	序号	子组件名称	序号	子组件名称
1	Queue	4	Highlighter	7	SoundPlayer	10	TraceTCP
2	ObjectComparer	5	MoveToViewPoint	8	Random	11	SimulationEvents
3	GraphicSwitch	6	Logger	9	StopSimulation	12	LightControl

7. 打开 Smart 组件

按照图 6.1.3 所示，在 "建模" 选项卡中单击 "Smart 组件" 按钮，弹出图 6.1.4 所示的 Smart 组件添加和设置界面，并在左侧 "建模" 选项卡中自动生成名称为 "Smart Component_1" 的组件文件，如图 6.1.4 所示。

图 6.1.3 打开 Smart 组件

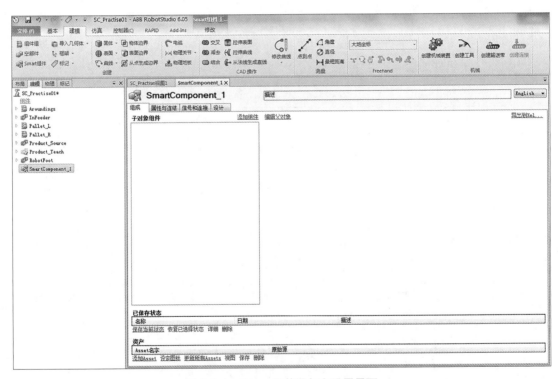

图 6.1.4 Smart 组件添加和设置界面

用鼠标右键单击该文件，重命名为 "SC_InFeeder"，如图 6.1.5 所示。

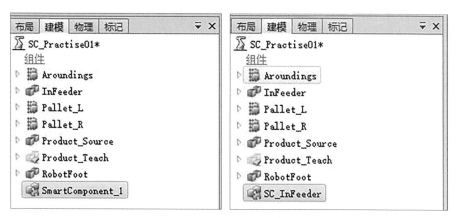

图 6.1.5　重命名

下面需要添加各个子对象组件，从而构成一个完整的 Smart 组件。在这里可以单击"添加组件"链接，查看并添加 Smart 组件提供的各子组件，如图 6.1.6 所示。

图 6.1.6　单击"添加组件"链接

二、选用组件创建动态输送链

根据工艺分析，动态输送链包含的动作特征有：输送链前端能够自动生成物料，并能沿着输送链的前进方向运行，运行到末端后能自动停止，并发出到位信号，当工业机器人将物料拾取之后，输送链能够自动生成下一个物料，从而进行下一个循环。动态输送链流程如图 6.1.7 所示。

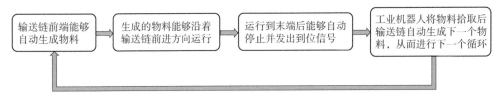

图 6.1.7 动态输送链工艺流程

1. 设定输送链的产品源

物料能够在输送链的前端自动生成。一般先创建一个物料模型放置在输送链前端作为产品源，可利用复制的办法源源不断生成相同的物料，即生成复制品，因此该动作需要用到 Smart 组件中专门用于复制图形的功能。

"Source"子组件用于设定产品源，每当触发一次"Source"子组件的执行，都会自动生成一个产品源的复制品。此处将物料模型设为产品源。在"组成"选项卡中，单击"添加组件"链接，选择"动作"→"Source"选项，该子组件专门用于复制图形，需要注意的是创建对象是已经提前放好的产品源。在本任务中，产品源的名称是"Product_Source"，如图 6.1.8 所示。

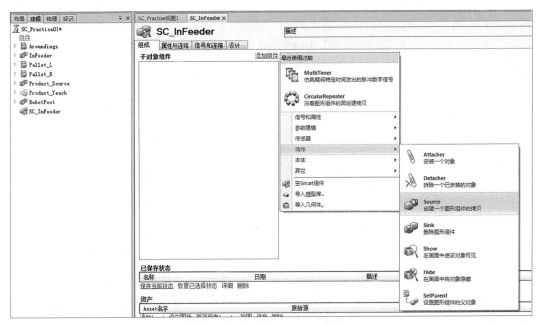

图 6.1.8 添加"Source"子组件

添加完成后，弹出图 6.1.9 所示的"Source"子组件的属性设置和说明窗口，左侧是属性设置窗口，右侧在"组成"选项卡中对该子组件的相关属性进行说明。

在图 6.1.10 所示的"Source"子组件的属性设置窗口中，在"Source"下拉列表中选择需要复制的对象，在此选择"Product_Source"选项；"Copy"指生成的物料，在这里置空即可，系统会自动生成；"Parent"指复制操作是否要添加到一个父对象中，这里也暂时置空；"Position"指的是位置，是每次生成的复制品在空间中的位置信息，在这里有常规的方法可以设定，即用鼠标右键单击该物料并查看当前其在空间中的坐标位置，然后把它的位置信息输入该输入框，这样每次生成的复制品与产品源的空间位置一致，但这种操作相对麻烦，因为首先需要先查看产品源的位置信息，然后把位置信息记录下来，再次输入"Position"输入框。

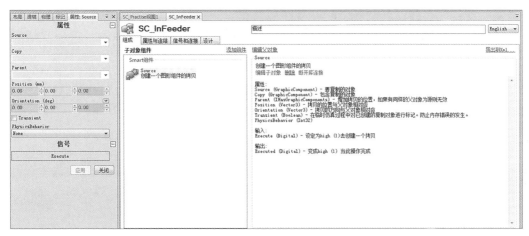

图 6.1.9　"Source"子组件的属性设置和说明窗口

图 6.1.10　"Source"子组件的属性设置窗口

对于产品位置数据的设置，这里重点介绍一个相对简单的方法：可以把产品源在当前工作站中的位置设为"0，0，0"，这样该处的位置信息默认为"0，0，0"，产生的复制品位置与产品源的位置一致，这种操作一般通过设置模型的本地原点进行处理。比如在本任务中，产品源已经摆放在输送链入口位置，该位置即本地原点。操作方法如下。打开"布局"选项卡，在左侧列表中选择该产品源的名称（"Product_Source"），单击鼠标右键查看当前的位置，当前在大地坐标系下的位置会显示出来，如图 6.1.11 所示。

下一步修改其本地原点，将当前位置的数据全部设为 0，并单击"应用"和"关闭"按钮，如图 6.1.12 所示，再一次打开"设定位置"对话框，可看到所有的位置点均变为 0。

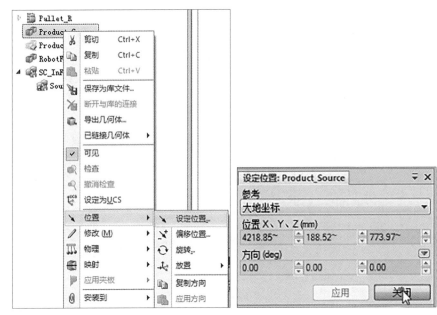

图 6.1.11　查看产品当前位置

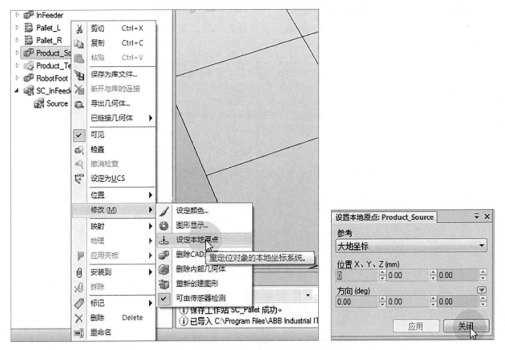

图 6.1.12　设置当前位置为本地原点

　　这样操作的好处是在设置"Source"子组件的时候，期望设定的产品源的位置与复制品的位置一致，当前产品源在空间中的位置已经变为"0，0，0"，这样在"Source"子组件属性设定中，它的复制品的位置也设为"0，0，0"，这样就能够保证每次生成的复制品都在产品源的位置。

在"建模"选项卡中，用鼠标右键单击"SC_InFeeder"子组件，选择"属性"选项，重新打开其属性设置窗口，如图 6.1.13 所示。

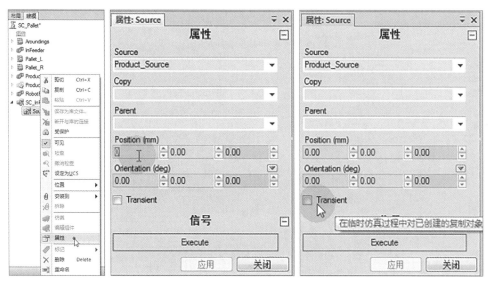

图 6.1.13　重新打开属性设置窗口

最后一个属性"Transient"，即在临时仿真过程中对已创建的复制对象进行标记，防止内存错误的发生。在生成复制品的时候，在默认情况下创建一个新的模型，这样当工作站连续运行时，工作站中的模型会越来越多，直至内存溢出发生内存错误而报警。为了防止这种报警，在一般情况下会勾选"Transient"复选框，这样生成的复制品只是一个临时的存在，当工作站停止运行时，所有复制品自动消失。在调试的时候采用默认设置（不勾选"Transient"复选框），因为后续还需要对生成的模型进行处理。当全部设置好之后，工作站需要连续运行时，为了防止内存错误，再勾选该复选框。

"Source"组件属性设置完毕后，关闭该属性设置窗口。这样通过"Source"组件已经能够利用产品源不断在当前位置产生复制产品。

2. 设定产品队列

要使产生的复制品能够沿着输送链运行方向运动，一直到输送链的末端停下来，需要添加一个"运动"组件。这里需要思考的是，运动对象并不是唯一的，而是每产生一个复制品，都希望它沿着输送链运行方向运动，在整个过程中复制品有无数个，因此这里并不能给每一个复制品都单独设定运动特性。需要引入一个"组"的概念，在 Smart 组件中称为"队列"，即需要添加一个"Queue"的组的队列。选择"其他"→"Queue"子组件，打开该子组件的属性设置窗口，如图 6.1.14 所示。

"Queue"子组件可以将同类型物体做队列处理。"Queue"子组件有两个基本属性，一个是"Back"（即每当去执行加入队列的一个操作时，"Back"所指的对象会进入队列），另一个是"Front"（即队列里排在第一个位置的对象），这样在剔除队列时，先把第一个剔除，原先排在第二个位置的后续补进变为第一个，然后下次再剔除时，现在第一位置的对象再被剔除，依此类推，这样就可以通过"信号"的操作对"队列"执行操作。此处，"Queue"子组件暂时不需要设置其属性。

图 6.1.14 添加"Queue"子组件并打开其属性设置窗口

3. 设定输送链运动属性

要使每次产生的复制品都能沿着输送链运行方向具有直线运行的属性，需要添加一个"运动"组件。本任务中输送链的运行方向是直线方向，因此需要添加能够保持直线移动的组件。单击"添加组件"链接，选择"本体"→"LinearMover"子组件，并打开其属性设置窗口，如图 6.1.15 所示。

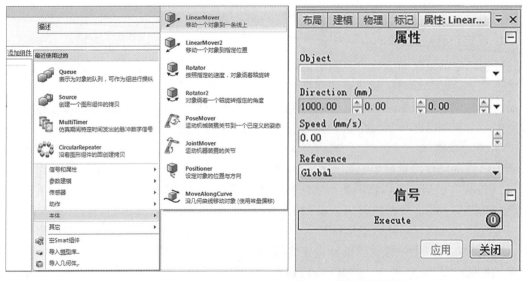

图 6.1.15 添加"LinearMover"子组件并打开其属性设置窗口

根据属性说明，"Object"属性用于设定一个运动的对象，因为不是一个对象，所以先将"Object"属性设成"组"（SC_InFeeder/Queue）。"Direction"属性是指运行的方向。"Reference"（参考）属性默认选择"Global"（大地坐标系方向）。输送链运行方向如果以大地坐标系为基准，根据图6.1.16所示，输送链需要沿着 X 轴负方向运行，因此，在"Direction"输入框中，需要输入 X、Y、Z 轴 3 个方向的值，在这里只需要保证能沿着 X 轴负方向运行即可，因此在第一个输入框中输入负数。"Speed"属性指运动速度，这里暂时先设定为 200 mm/s，默认为大地坐标系。"信号"（Execute）代表是否启动，可通过程序控制线性运动、启动或者停止等，一般情况下线性运动设为常开，可省去后期信号控制方面针对输送链的启动/停止的控制，从而简化后续操作。"信号"选择"常开"，代表该运动一直处于执行的状态，如图 6.1.17 所示。

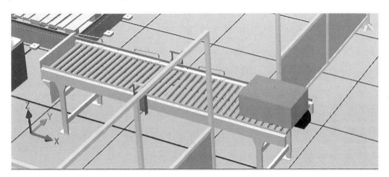

图 6.1.16　输送链运行方向

图 6.1.17　设定运行方向和运行速度

全部设置完成后，单击"应用"和"关闭"。回到 Smart 组件的属性设置和说明窗口，可在视图窗口中观察运动效果。

4. 设定输送链限位传感器

通过"队列"操作，把生成的复制品加入队列，然后物料就能够随着输送链的运行方向运动到输送链末端。根据工艺要求，物料到达末端后能够自动停止，停止的动作需要借助传感器对物料进行检测来完成，即利用传感器的信号属性，触发运动中的停止动作。因此，需要在输送链末端的挡板处设置面传感器。单击"添加组件"链接，选择"传感器"→"PlaneSensor"子组件，添加面传感器，并打开其属性设置窗口，如图 6.1.18 所示。

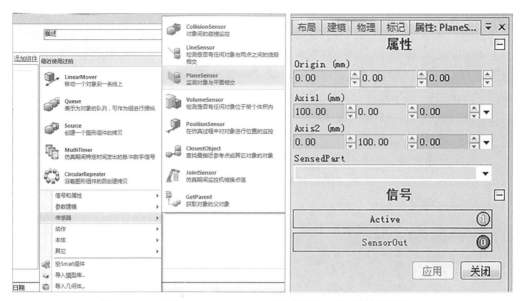

图 6.1.18　添加"PlaneSensor"子组件并打开其属性设置窗口

面传感器的设定方法为捕捉一个点作为面的原点 A，然后设定基于原点 A 的两个延伸轴的方向及长度（参考大地坐标系方向），这样就构成了一个平面。

切换到视图界面，调整模型视图，使其聚焦在输送链末端位置，如图 6.1.19 所示。

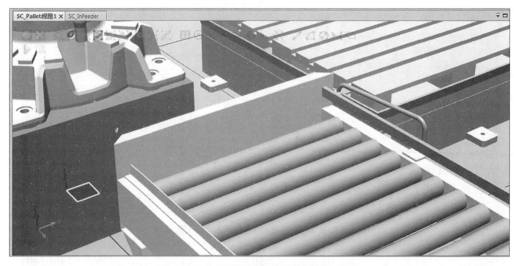

图 6.1.19　调整能添加面传感器的视图

在输送链末端创建一个平面，在属性设置窗口中，需要输入 3 个的数值属性。第一个"Origin"为原点信息，即 A 点，选择上方"捕捉末端"工具，单击"Origin"第一个输入框的位置，接下来在视图中捕捉平面的原点，捕捉到原点后单击，原点的数据自动保存在输入框中，如图 6.1.20 所示。

接下来需要输入两个方向的数值，分别为"Axis1"（轴 1）和"Axis2"（轴 2）。考虑在输送链末端需要构成一个平面，对应大地坐标系方向的长度方向为 Y 轴方向，高度方向为 Z 轴方向。因此，需要先设定面的长度，在 Y 轴正方向，在"Axis1"（轴 1）输入框中临时设定的数值为"0 600 0"；设定面的高度，在 Z 轴正方向，在"Axis2"（轴 2）输入框中临时设定的数值为"0 0 100"，设定好后，单击"应用"和"关闭"按钮。可在视图中观察设置的平面，如图 6.1.21 所示。根据视图显示，可修改该参数，直到面传感器符合要求，如图 6.1.22 所示。

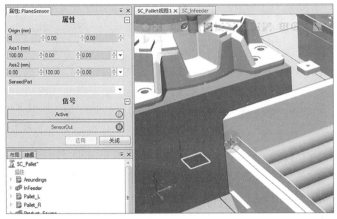
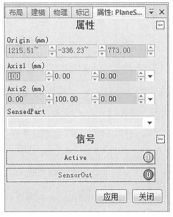

图 6.1.20　捕捉面传感器的原点

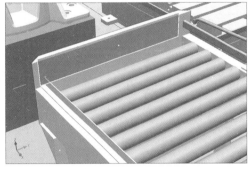

图 6.1.21　面传感器视图查看

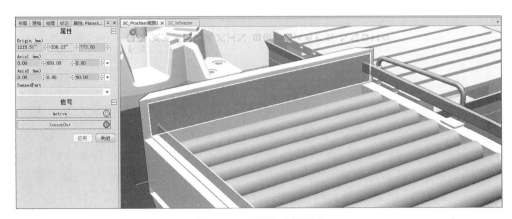

图 6.1.22　面传感器调整

虚拟传感器一次只能检测一个物料，因此这里需要保证所创建的传感器不能与周边设备接触，否则无法检测运动到输送链末端的物料，为了避开周边设备，将可能与该传感器接触的周边设备的属性设为"不可由传感器检测"。

"SensedPart"指"检测到的部件"，即面传感器每次检测到物料后，会自动在"SensedPart"位置显示物料名称。"信号"属性中"Active"是指传感器是否激活，"SensorOut"是指检测输出信号，在面传感器应用过程中，一般情况下需要在工作的时候激活它，不需要其工作的时候屏蔽它。这里先暂时屏蔽（取消勾选），后期需要其工作的时候，再通过信号的控制把它激活，如图6.1.23所示。

属性设置完成后，需要检测当前面传感器是否检测到物料，因为目前没有物料到位，因此"SensedPart"属性不会有输出结果，即传感器没有和物料发生接触的时候是不能检测到其他物料的。因为面传感器在同一时刻只能检测到唯一的一个物料，如果当前已经检测到其他物料，那么即使复制的物料与它发生碰撞，那也不能检测到物料到位，所以首先通过手动单击"Active"去激活和屏蔽信号，来检测传感器是否和其他周边设备发生接触。

再次置位"Active"，如图6.1.24所示，"SensedPart"属性显示已经检测到了"Infeeder"模型，即该输送链模型，因为面传感器是依托输送链的一些特征点创建的，所以肯定会与输送链本身发生感应，此时即便物料运行到输送链末端与面传感器接触，那么面传感器也不能实时地检测物料是否到位，因此这里要保证当前面传感器是不能检测到其他模型。

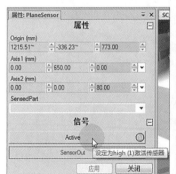

图6.1.23 信号属性

图6.1.24 检测到
"InFeeder"模型

因此，此处只要将"InFeeder"设置成不可由面传感器检测即可。如图6.1.25所示，在左侧"布局"或"建模"选项卡中，找到"Infeeder"模型，单击鼠标右键，选择"修改"→"可由传感器检测"命令，将"√"取消即可。

回到属性设置窗口，再手动激活可查看到"SensedPart"属性已经置空，如图6.1.25所示，说明当前面传感器是检测不到该"Infeeder"模型，当物料运行到输送链末端附近与面传感器发生接触时，可有效地检测到物料已到位。

属性设置完成后，需要把面传感器的状态设置为屏蔽，如图6.1.26所示，设置完成后单击"关闭"按钮，关闭属性设置窗口。

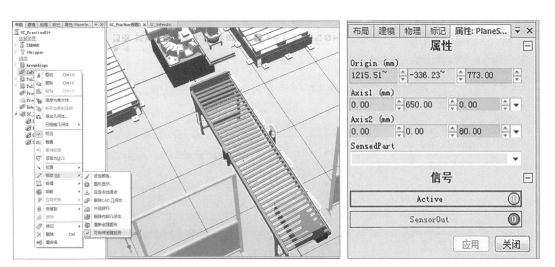

图 6.1.25 将"InFeeder"设置成不可由面传感器检测

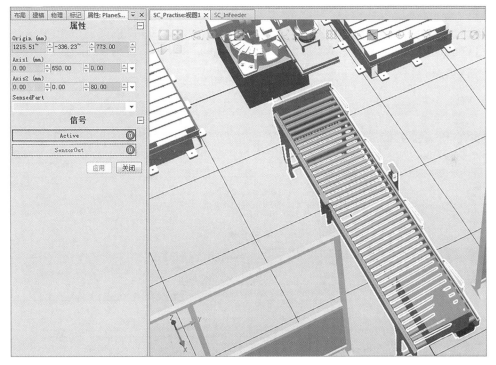

图 6.1.26 完成面传感器属性设置

  这样动态输送链所需要的动画效果已经添加完毕。按照图 6.1.27 所示添加的子组件，对其功能及工艺过程总结如下。"Source"子组件用来产生物料复制品；"Queue"子组件是线性运动的对象，不能是唯一的指定的物料复制品；"LinearMover"子组件用来控制生成的物料复制品能够沿着输送链方向运行；"PlaneSensor"子组件用于末端面传感器的检测，当生成的物料复制品运动到输送链末端与面传感器发生接触时，面传感器能够发出信号，从而可以利用该信号控制物料复制品停止。

图 6.1.27 已添加子组件

创建的输送链动作组件总结如图 6.1.28 所示。

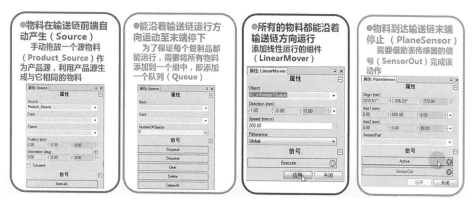

图 6.1.28　创建的输送链动作组件总结

三、创建输送链子组件连结

添加完动画效果的子组件并设置完动作属性后，需要分析属性关系、信号传递等信息，并对其进行关联，以保证各动作间的联系和逻辑关系符合工艺要求，这里需要创建"属性与连结"和"信号和连接"。

1. 创建"属性与连结"

属性连结指的是各 Smart 子组件的某项属性之间的连接，即相同属性之间的传递。例如子组件 A 中的某项属性 a1 与子组件 B 中的某项属性 b1 建立属性连结，则当 a1 发生变化时，b1 也会随着一起变化。该输送链动作中要求每次生成的物料复制品能自动进入队列，即保证物料复制品进入队列后实现其属性传递。

属性连结是在 Smart 窗口中的"属性与连结"选项卡中进行设定的。在"SC_Infeeder"组件的页面中单击上方的"属性与连结"选项卡即可，如图 6.1.29 所示。"属性与连结"选项卡中的"动态属性"用于创建动态属性以及编辑现有的动态属性，这里暂不涉及此类设定。

单击"添加连结"链接，弹出"添加连结"对话框，如图 6.1.30 所示。

为了使每次生成的物料复制品都能自动进入队列，在"添加连结"对话框中进行设置时，"源对象"选择"Source"，"源属性"选择"Copy"，"目标对象"选择"Queue"，"目标属性"选择"Back"，即希望每次"Source"子组产生的物料复制品，能够作为加入"Queue"的对象，且加入后对应的目标属性是"Back"，因为"Back"指的是下一次即将进入队列的对象。建立这样的属性连结后，每次新产生的物料复制品都能够自动成为加入队列的对象。单击"确定"按钮完成属性连结设置，新添加的属性连结会出现在列表中，如图 6.1.31 所示。

2. 创建"信号和连接"

该部分的 I/O 信号指的是在 Smart 组件功能下创建的本工作站相关的数字信号，它不同于在工业机器人系统下建立的信号，而是用于与各个 Smart 子组件进行交互。I/O 连接指的是设置创建的 I/O 信号与 Smart 子组件信号的连接关系，以及各 Smart 子组件之间的信号连接关系。I/O 连接在 Smart 组件窗口中的"信号和连接"选项卡中进行设置。这里需要添加 I/O 信号和 I/O 连接。

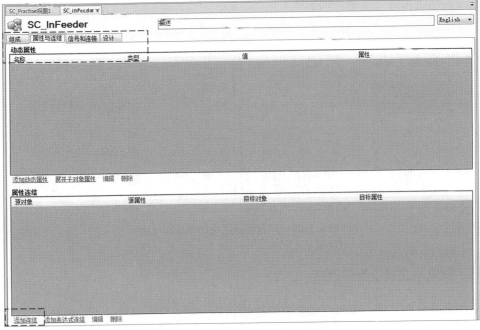

图 6.1.29 "属性与连结"选项卡

图 6.1.30 "添加连结"对话框

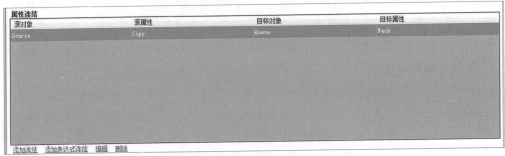

图 6.1.31 完成属性连结设置

1）添加 I/O 信号

各个子组件动作之间的关联性（即符合工艺要求的仿真动作）需要由信号相互传递，这里依次添加所需要的信号以及各个组件之间信号的关联。

输送链的"SC_InFeeder"子组件本身需要外界给予的输入信号和向外界传递的输出信号，"输入"一般作为外界信号来激活某个组件的信号，即输送链运行仿真的启动信号，而"输出"是组件本身完成一系列动作后，能够向外界传递信息的信号。本任务中的信号为物料到达输送链末端停止后的到位信号，需要传给工业机器人以驱动工业机器人执行抓料过程。因此，这里可以通过"添加 I/O Signals"链接来添加一些信号。

单击"信号和连接"选项卡，在"I/O 信号"区域单击"添加 I/O Signals"链接，如图 6.1.32 所示，打开图 6.1.33 所示的对话框。

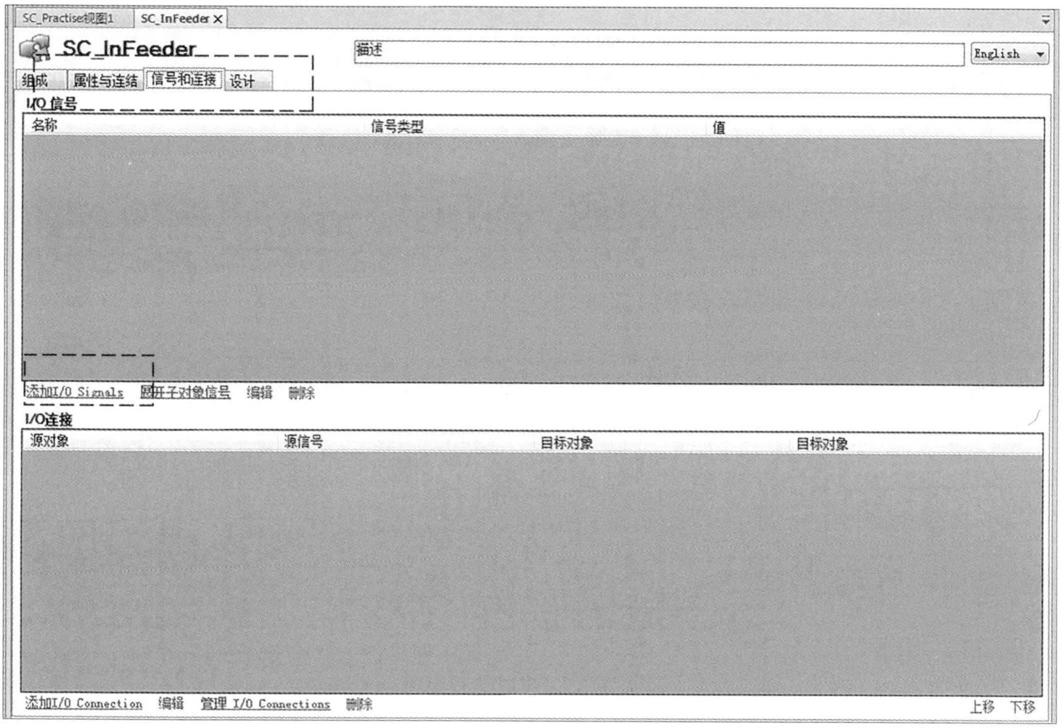

项目六　搬运码垛工作站的创建与仿真

图 6.1.32　"信号和连接"选项卡

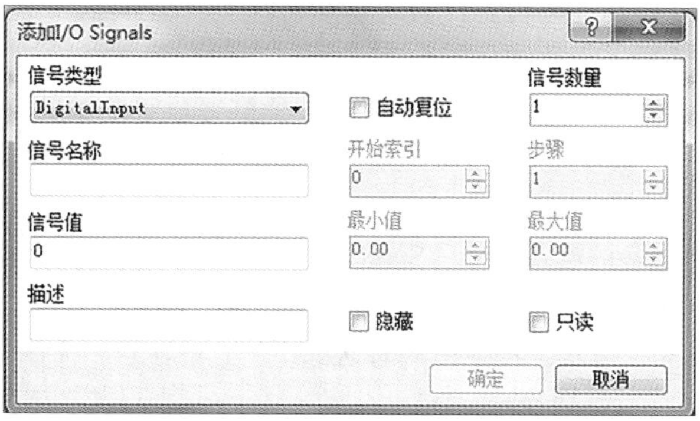

图 6.1.33　"添加 I/O Signals"对话框

首先添加一个"输入"信号作为"SC_InFeeder"子组件的启动信号，用于仿真时启动输送链，名称设置为"StartCNV（即启动输送链的信号）"，单击"确定"按钮完成；然后添加"输出"信号用作物料到位信号，即当物料运行到输送链末端与面传感器发生接触后，能够向工业机器人传递该信息，继续单击"添加 I/O Signals"链接，"信号类型"选择"DigitalOutput"，信号名称设置为"BoxInPos"，如图 6.1.34 所示，设置完成后单击"确定"按钮。

图 6.1.34 添加"输入"和"输出"信号

新添加的信号可在列表中查看，如图 6.1.35 所示。

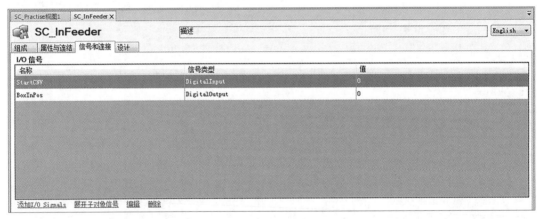

图 6.1.35 完成信号添加

2）添加 I/O 连接

添加 I/O 连接前需要仔细分析工作过程，明确各动作之间的关联性，从而完成各子组件之间的信号传递并依次进行添加。因此，必须明确动态输送链的工艺过程和动作衔接关系。需通过下方的"添加 I/O Connection"链接，依次完成整个动画效果的逻辑连接。

单击下方的"添加 I/O Connection"链接，在弹出的对话框中，"源对象"选择"SC_In-Feeder"，"源信号"选择"StartCNV"，"目标对象"选择"Source"和"Execute"，即用"SC_InFeeder"子组件本身的输入信号"StartCNV"触发"Source"子组件的执行，执行完成后，会自动产生一个物料复制品，并希望该物料复制品能够自动加入"Queue"，所以继续单击"添加 I/O Connection"链接，在弹出的对话框中，"源对象"选择"Source"，"源信号"选择"Executed"，"目标对象"选择"Queue"和"Enqueue"，即利用"Source"子组件执行完成的信号去触发物料复制品加入队列的动作。两次设置的对话框如图 6.1.36 所示。

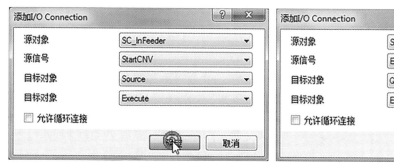

图 6.1.36　将物料复制品加入队列

两次设置总结为：第一步启动仿真后生产复制的物料，第二步对该物料执行加入队列的操作。这样在该子组件属性连接里，已经设置完成了"Source"子组件每次产生的物料复制品均为加入队列的对象，因此，每次触发"Executed"信号，物料复制品就会自动加入"Queue"，且会按照队列已设定好的运行方向沿着输送链一直运行到输送链的末端，与面传感器发生接触。

面传感器检测到物料后，"PlaneSensor"的输出信号"SensorOut"置1，即该输出信号执行从队列中将物料剔除的操作（即 Dequeue），从而使其不具备队列的运动属性，控制物料停止运动，因此，当物料运行到输送链的末端与面传感器发生接触时，仿真结果停在输送链的末端。

根据工艺过程分析，继续单击"添加 I/O Connection"链接，在弹出的对话框中，"源对象"选择"PlaneSensor"，"源信号"选择"SensorOut"，"目标对象"选择"Queue"和"Dequeue"，如图 6.1.37 所示。

添加完成后，在"I/O 连接"列表中会显示添加的信息，如图 6.1.38 所示。对所添加的3条连接进行分析：第一步产生源物料的物料复制品；第二步将物料复制品加入队列并使其具备沿着输送链方向运行的属性，运行到输送链的末端后与面传感器接触并输出信号；第三步利用该信号执行"Queue"中物料的剔除操作后，使其停在输送链的末端。

图 6.1.37　添加剔除队列设置

I/O连接

源对象	源信号	目标对象	目标对象
SC_InFeeder	StartCNV	Source	Execute
Source	Executed	Queue	Enqueue
PlaneSensor	SensorOut	Queue	Dequeue

图 6.1.38　3 条连接

为了保证码垛工艺的连续性，当到位停止的物料被取走后，在输送链前端能自动地激活下一次物料复制品的生成，从而实现下一个循环。但在"PlaneSensor"属性设置窗口中只有一个输出信号"SensorOut"，而且是上升沿触发，当物料被移走使该信号从 1 变为 0 时（即下降沿触发）时，不能触发"Source"子组件再次执行，因此不能激活输送链前端新物料的生成，故需要添加一个下降沿触发信号，保证物料移走使"SensorOut"变为0时，能触发"Source"子组件的再次执行。这里需引入一个"Logic Gate"（数字信号的逻辑运算）子组件来对该信号进行取反操作。

回到"组成"选项卡，添加一个信号处理的组件，单击"添加组件"链接，选择"信号和属性"→"LogicGate"子组件，打开其属性设置窗口，如图6.1.39所示。

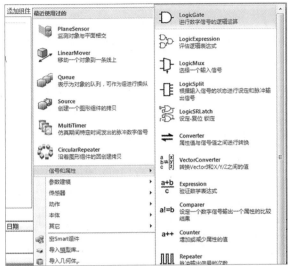

图6.1.39 添加"LogicGate"子组件并打开其属性设置窗口

在"Operator"下拉列表中有逻辑运算选项，这里选择"NOT"选项，即非运算，单击"关闭"按钮，如图6.1.40所示。

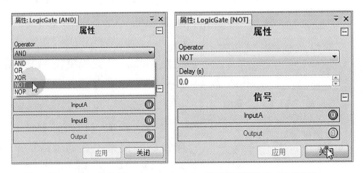

图6.1.40 设置"LogkGate"子组件属性为"NOT"

将面传感器的输出信号与添加的非运算进行连接，使非运算的信号输出变化和面传感器输出信号变化正好相反，即面传感器信号出现下降沿后开始触发新的物料运行。

在"信号和连接"选项卡中继续单击"添加I/O Connection"链接，在弹出的对话框中，"源对象"选择"PlaneSensor"，"源信号"选择"SensorOut"，"目标对象"选择"LogicGate[NOT]"和"InputA"，即面传感器的输出信号"SensorOut"关联"LogicGate[NOT]"运算中的"InputA"信号，然后单击"确定"完成设置，如图6.1.41所示。

这样可以利用"LogicGate[NOT]"输出信号来触发"Source"子组件的执行，实现的效果为当停止的物料被移走，即传感器的输出信号由 1 变为 0 时，触发产品源"Source"子组件产生一个新的物料复制品，因此，需要添加取反信号和产品源的信号连接关系。单击"添加 I/O Connection"链接，在弹出的对话框中，"源对象"选择"LogicGate[NOT]"，"源信号"选择"OutPut"，"目标对象"选择"Source"和"Execute"，如图 6.1.42 所示。

图 6.1.41　添加面传感器输出信号取反连接　　　图 6.1.42　添加取反信号和产品源的连接

"I/O 连接"列表显示如图 6.1.43 所示。对"PlaneSensor"和"LogicGate[NOT]"的联合分析如下。当面传感器的输出信号由 1 到 0 变化时，通过取反运算变成上升沿，利用该上升沿触发"Source"子组件的执行，这样便完成了新的物料复制品的执行，即当工业机器人把物料取走后，面传感器的输出信号从 1 变 0，然后通过取反运算变成上升沿，利用上升沿触发"Source"子组件的执行，产生下一个物料复制品，然后执行加入队列的操作，沿着输送链运行到末端后与面传感器发生接触，执行剔除队列操作使其停止，当物料被取走之后，又开始激活生产下一个物料复制品，从而形成一个完整的输送链工作过程。

I/O连接			
源对象	源信号	目标对象	目标对象
SC_InFeeder	StartCNV	Source	Execute
Source	Executed	Queue	Enqueue
PlaneSensor	SensorOut	Queue	Dequeue
PlaneSensor	SensorOut	LogicGate [NOT]	InputA
LogicGate [NOT]	Output	Source	Execute

图 6.1.43　"I/O 连接"列表显示

当物料到位后，输送链组件需要通知工业机器人其工作已经完成，下一步需要工业机器人移走该物料。因此，面传感器的输出信号"SensorOut"需要关联输送链组件的输出信号"BoxInPos"，以保证"BoxInPos"接收到物料被取走的信息后，将该消息传递给工业机器人，实现输送链组件的信息输出。因此，当物料运动到输送链末端与面传感器发生接触时，需要添加输出信号"SensorOut"控制"BoxInPos"置位为 1 的连接，使"BoxInPos"置 1 后可通知工业机器人物料已到位。

单击"添加 I/O Connection"链接，在弹出的对话框中，"源对象"选择"PlaneSensor"，"源信号"选择"SensorOut"，"目标对象"选择"SC_InFeeder"和"BoxInPos"，即利用"PlaneSensor"的置位连接"SC_Infeeder"本身输出信号"BoxInPos"的置位，如图 6.1.44 所示。

该任务实施过程共创建了 6 个 I/O 连接，即利用启动信号"StartCNV"触发一次

"Source"子组件，使其产生一个物料复制品；物料复制品产生后自动加入设定好的队列"Queue"并随着"Queue"一起沿着输送链运行；当到达输送链末端时与设置的面传感器"PlaneSensor"接触，该物料复制品退出队列"Queue"保持停止状态，并将物料到位信号"BoxInPos"置1。通过非运算的关联，实现当物料复制品与面传感器不接触后，自动触发"Source"子组件执行并产生新的物料复制品，依此循环。

图6.1.44　添加输出信号
"BoxInPos"的连接

四、添加仿真连接

1. 添加仿真组件

当启动工作站仿真时，应使面传感器处于激活状态，当停止仿真时，面传感器处于复位状态，因此，需要添加一个"仿真开始和停止时发出脉冲信号"的组件，控制启动仿真和停止仿真时，对面传感器进行激活和复位的操作，即在"其他"中的"SimulationEvents"子组件。但该子组件只是发出脉冲信号，而面传感器状态需要锁定，因此还需要添加一个"设定复位"的组件，以锁定面传感器的状态，即在"信号和属性"中的"LogicSRlatch"子组件，如图6.1.45所示。通过添加两者的连接实现对面传感器激活和复位的功能。

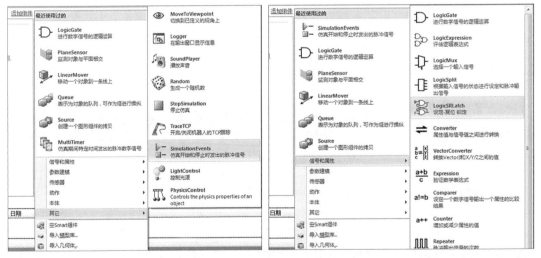

图6.1.45　添加"SimulationEvents"和"LogicSRlatch"子组件

添加完成后需要在"信号和连接"选项卡中将两者结合起来。首先利用仿真事件的仿真开始功能，去触发锁定的置位操作，即单击"添加I/O Connection"链接，在弹出的对话框中，"源对象"选择"SimulationEvents"，"源信号"选择"SimulationStarted"，"目标对象"选择"LogicSRlatch"和"Set"；然后利用仿真事件的仿真停止操作，去触发锁定的复位操作，即单击"添加I/O Connection"链接，在弹出的对话框中，"源对象"选择"SimulationEvents"，"源信号"选择"SimulationStopped"，"目标对象"选择"LogicSRlatch"和

"Reset"；最后利用锁定的功能置位面传感器的激活，即单击"添加 I/O Connection"链接，在弹出的对话框中，"源对象"选择"LogicSRlatch"，"源信号"选择"OutPut"，"目标对象"选择"PlaneSensor"和"Active"。所有的设置界面如图 6.1.46 所示。

图 6.1.46　添加"SimulationEvents"和"LogicSRlatch"子组件连接

综合分析：仿真开始（SimulationStarted），锁定"LogicSRLatch"处于"Set"状态，其输出"Output"触发面传感器处于置位状态；仿真结束（SimulationStopped），锁定"Logic-SRLatch"处于"Reset"状态，其输出"Output"触发面传感器处于复位状态，如图 6.1.47 所示。通过 3 条逻辑连接，就可以通过"仿真"选项卡的"播放"和"停止"按钮，控制面传感器的激活与复位。

I/O连接			
源对象	源信号	目标对象	目标对象
LogicGate [NOT]	Output	Source	Execute
PlaneSensor	SensorOut	SC_InFeeder	BoxInPos
SimulationEvents	SimulationStarted	LogicSRLatch	Set
SimulationEvents	SimulationStopped	LogicSRLatch	Reset
LogicSRLatch	Output	PlaneSensor	Active

图 6.1.47　添加信号后的"I/O 连接"列表

输送链子组件信号连接设计如图 6.1.48 所示。

2. 仿真运行

全部设定完成后，可仿真验证输送链运行过程。首先需要单独验证输送链系统，因此需要在"仿真设定"选项卡中隐藏工业机器人系统（将"SC_Pallet"前面"√"去掉），如图 6.1.49 所示，然后单击"关闭"按钮。

回到视图界面，在"仿真"选项卡中单击"播放"按钮，启动工作站，在左侧列表中，用鼠标右键单击创建的组件（"SC_InFeeder"），选择"属性"选项，手动触发"StartCNV"信号，如图 6.1.50 所示。

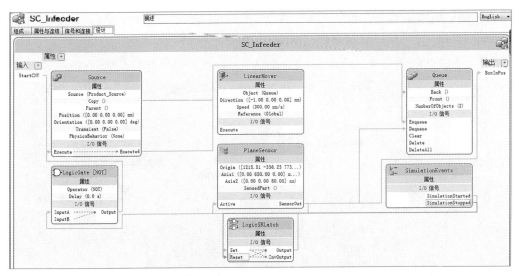

图 6.1.48　输送链子组件信号连接设计

图 6.1.49　在"仿真设定"选项卡中隐藏工业机器人

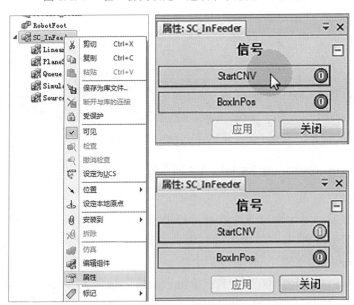

图 6.1.50　手动触发"StartCNV"信号

在输送链上产生了一个物料复制品，并沿着输送链向前运行到输送链末端，如图 6.1.51 所示。

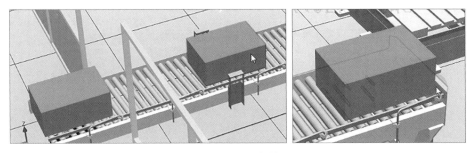

图 6.1.51　运行结果

物料复制品到达输送链末端与面传感器发生接触后会停止运行，并且在属性设置窗口中"BoxInPos"信号置 1。回到"基本"选项卡，利用"Freehand"工具栏中的"移动"功能选中输送链末端的物料复制品手动将其移开，下一个物料复制品自动生成，并沿着输送链向前运行，到达输送链末端后，"BoxInPos"信号置位，当物料复制品被取走后，能够激活下一个物料复制品的生成，如图 6.1.52 所示。

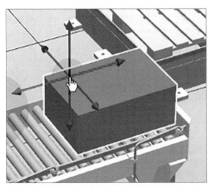
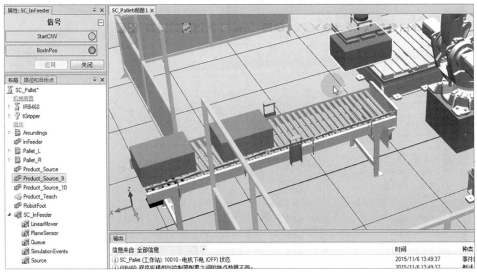

图 6.1.52　仿真运行结果

　　同时，在图 6.1.53 所示的左侧"布局"选项卡中可以看到，生成了一些真实模型，但模型的生成会增大信息存储量，所以，在"Source"属性设置窗口中取消勾选"Transient"复选框即可。

图 6.1.53　删除临时信息

　　再次单击"播放"按钮，打开"SC_InFeeder"属性设置窗口，手动触发上升沿（StartCNV），可以发现同样能生成物料复制品，但都是临时的产品，不能用鼠标进行选中和拖动，左侧"布局"选项卡中没有生成真实的模型，如图 6.1.54 所示。单击"停止"按钮，"布局"选项卡中生成的临时产品名称消失，输送链系统创建完成。

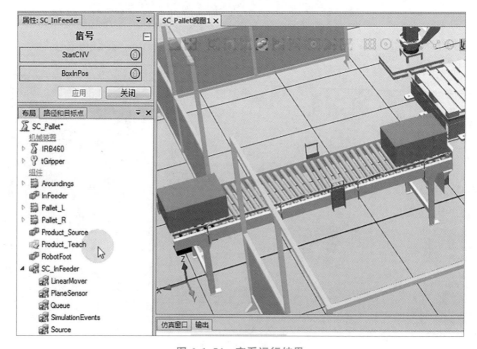

图 6.1.54　查看运行结果

【学习检测】

（1）Smart 组件有哪些子组件？

（2）本任务中创建动态输送链选用了哪些子组件？

（3）分析本任务的工艺过程。

（4）本任务创建了哪些属性连结？

（5）本任务创建了哪些信号连接？

（6）简要写出创建动态输送链的实施过程。

（7）本任务仿真运行需要注意哪些问题？

（8）查阅资料，总结其他可完成本任务的工作过程。

【学习记录】

学习记录单					
姓名		学号		日期	
学习项目：					
任务：				指导老师：	

【考核评价】

"任务 6.1 创建动态输送链"考核表

姓名		学号			日期	年　　月　　日	
类别	项目		考核内容	得分	总分	评分标准	签名
理论	知识准备（100分）		Smart 组件包含哪些子组件? （20分）			根据完成情况和质量打分	
			写出本任务的工艺过程（40分）				
			本任务创建了哪些属性连结? （20分）				
			本任务创建了哪些信号连接? （20分）				
实操	技能要求（50分）		能熟练根据工艺要求选用组件并完成属性设置			1. 能完成该任务的所有技能项，得满分； 2. 只能完成该任务的一部分技能项，根据情况扣分； 3. 不能正确操作则不得分	
			能熟练创建属性连结				
			能熟练创建信号连接				
			能熟练完成工作过程仿真				
	任务完成情况		完成□/未完成□				
	完成质量（40分）		工艺及熟练程度（20分）			1. 任务"未完成"，此项不得分； 2. 任务"完成"，根据完成情况打分	
			工作进度及效率（20分）				
	职业素养（10分）		安全操作、团队协作、职业规范、强国责任等			1. 未发生操作安全事故； 2. 未发生人身安全事故； 3. 符合职业操作规范； 4. 具有团队意识	
评分说明							
备注	1. 该考核表原则上不能出现涂改现象，否则必须在涂改处签名确认； 2. 该考核表作为学生学习过程考核的标准						

【学习总结】

_____

_____

_____

_____

_____

_____

_____

_____

_____

_____

任务6.2　创建动态夹具

【知识储备】

　　本任务学习将码垛工业机器人夹具模型创建成可抓放物料的真空动态夹具，使用真空吸盘完成对物料的拾取和放置动作，以及发出自动置位和复位的真空反馈信号，使其成为具备 Smart 组件特性的夹具，如图 6.2.1 所示。本任务工艺要求：工业机器人夹持夹具到达物料上方时能拾取物料，抓取物料到达指定码盘的相应位置后，执行放置物料的操作。动态效果包含：在输送链末端拾取物料、在码盘上放置物料。

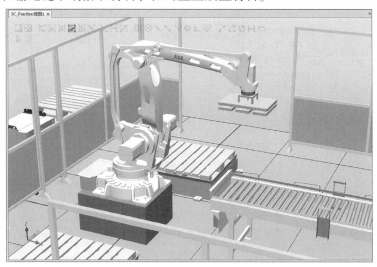

图 6.2.1　任务图

一、设定拾取/放置动作

建立动态夹具的 Smart 组件，设定拾取/放置的动作的过程如下。

在"建模"选项卡中新建一个 Smart 组件，将名称修改为"SC_Tool"。由于工具需要有拾取和放置的动作，所以需要添加两个对应的子组件，即选择"动作"→"Attacher"（安装对象）和"Detacher"（拆除对象）子组件，分别对应抓和放的动作，如图 6.2.2 所示。

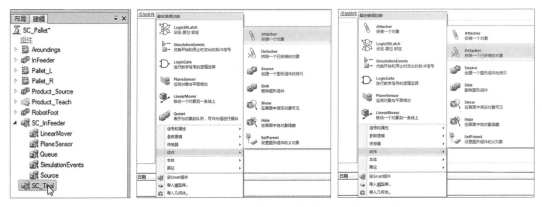

图 6.2.2　添加"Attacher"和"Detacher"子组件

单击"Attacher"子组件并进入属性设置界面，如图 6.2.3 所示。"Parent"指安装父对象，是安装在工具上，工具模型在"布局"选项卡中的名称是"tGripper"，因此"Parent"选择"tGripper"；"Flange"是指机械装置或工具数据的安装位置，即 TCP；"Child"指安装子对象，因为每次拾取的对象不同，这里又遇到不能设定唯一的、指定的对象的问题，所以可以暂时不设定，通过其他方式实现子对象的指定；安装位置是在原位置上安装，所以不需要勾选"Mount"复选框（指移动对象到其父对象）；"Offset"是指当进行安装时位置与安装的父对象相对应，此处没有安装偏移，可不用设置。"Attacher"属性设置完成如图 6.2.4 所示，单击"关闭"按钮。

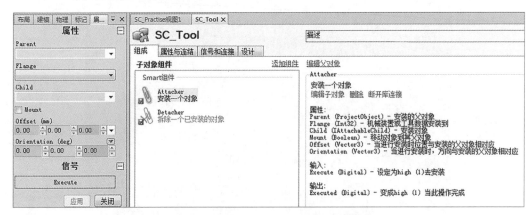

图 6.2.3　"Attacher"属性设置界面

用鼠标右键单击"Detecher"，选择"属性"选项，进入属性设置界面，如图 6.2.5 所示。这里只需要设置拆除的子对象"Child"，由于拆除的对象不是唯一指定的，所以暂时置空。

图 6.2.4 完成"Attacher"属性设置

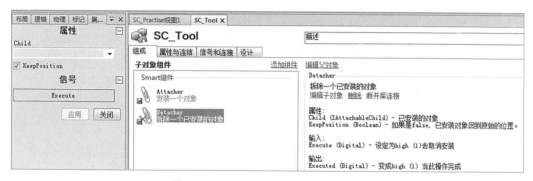

图 6.2.5 "Detecher"属性设置界面

"KeepPosition"指拆除后物料保持当前位置，一般情况下默认勾选，即当把物料搬运到指定地方并被拆除后，物料能够保持在当前位置。

在这两个子组件的属性设置中，拾取动作"Attacher"和释放动作"Detacher"中关于子对象"Child"暂时都未作设定，这是因为在本任务中处理的工件并不是同一个产品，而是产品源生成的各复制品，所以无法在此处直接指定子对象。后面会在属性连接中设定此项的关联。

二、设定检测传感器

1. 添加/设置线传感器属性

通过一个安装在夹具上的传感器解决安装子对象和拆除子对象不是唯一的问题，即每次传感器检测到的物料既作为安装子对象，也作为拆除子对象。因此，需要添加一个线传感器"LineSensor"子组件完成该功能。

如图 6.2.6 所示，选择"传感器"→"LineSensor"子组件，并打开其属性设置窗口。

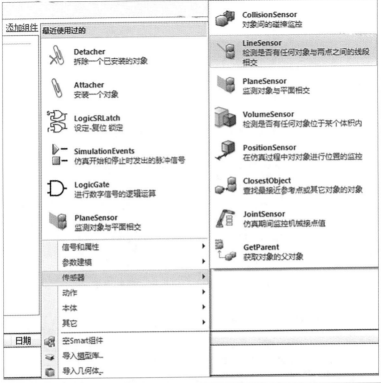

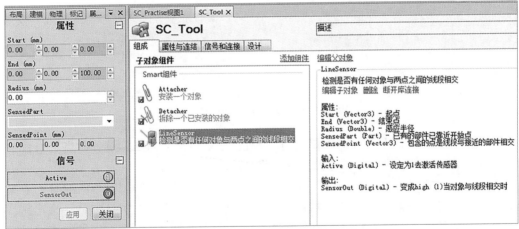

图 6.2.6　添加 "LineSensor" 子组件

在线传感器属性中，需要设定起点（Start）、终点（End）和感应半径（Radius）等参数，使其生成一条有粗度的直线。

回到视图，调整工具视角，将线传感器安装在工具下表面靠近中间的位置。选择"捕捉对象"工具，既可以捕捉中心，又可以捕捉中点和末端，如图 6.2.7 所示。

单击第一个 "Start" 输入框，捕捉工具下表面的中点并单击作为起点，如图 6.2.8 所示。

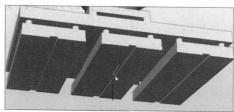

图 6.2.7　选择"捕捉对象"工具

图 6.2.8　捕捉工具起点

起点的 3 个坐标数据自动显示在 3 个"Start"输入框中，终点 End 只是相对于起点 Start 在大地坐标系 Z 轴负方向偏移一定的距离，所以 End 点的 X 和 Y 坐标与 Start 点相同，因此，将 Start 点的 X 和 Y 坐标值复制到 End 的 X 和 Y 的坐标框中，Z 轴方向的数值可以手动输入，如图 6.2.9 所示。

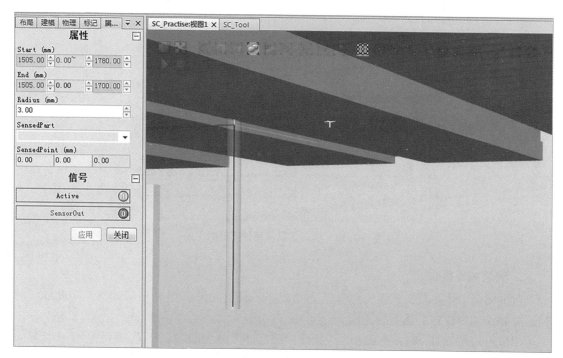

图 6.2.9　输入线性传感器参数

此外，关于虚拟传感器的使用需要注意的是，当物体与传感器接触时，如果接触部分完全覆盖整个传感器，则传感器不能检测到与之接触的物体。若要传感器准确检测到物体，必须保证在接触时，传感器的一部分在物体内部，一部分在物体外部。因此，为了避免在吸盘拾取物料时线传感器完全浸入物料，可以增加 Start 点和 End 点的 Z 轴坐标数值的差，即线传感器的长度，保证在拾取时线传感器符合检测要求。根据已捕捉的 Start 点的 Z 坐标值，此处暂时将 End 点的 Z 坐标设置为"1 700"。在"Radius"输入框中需要设置感应半径以实现加粗，暂时先设 3 mm，设置完成后单击"应用"按钮，在视图中发现在夹具的下表面生成了一个半径为 3 mm 的圆柱形的线传感器，利用该线传感器作为拆除的子对象，设置界面和效果如图 6.2.9 所示。

　　线传感器安装到工具模型上，设置完成后，仍需将工具设为"不可由传感器检测"，以免线传感器与工具发生干涉。在一般情况下，工具已经被做成了标准的工具格式，线传感器不能检测到，但有些模型没有做成标准的工具格式，因此，每次创建完线传感器后，都需要验证该线传感器是否已经检测到了物料，需手动置位"Active"，在"SensedPart"中验证是否检测到物料，并通过对工具取消勾选"可由传感器检测"选项，将其设为"不可由传感器检测"。手动查看"SensedPart"，直到没有检测出工具即正确，如图 6.2.10 所示。

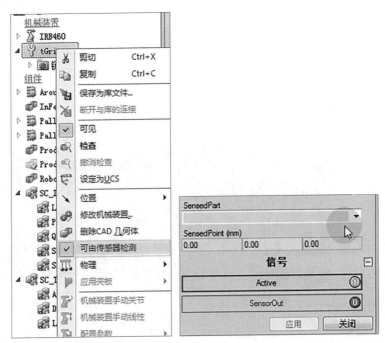

图 6.2.10　验证工具与线传感器的干涉

2. 安装线传感器

　　根据实际工作要求，该线传感器需要安装在工具上并随着工具一起运动，因此线传感器还需要添加安装到工具上的操作。

　　用鼠标右键单击"LineSensor"，选择"安装到"→"tGripper"选项。弹出一个询问"是否要更新以下对象的位置 LineSensor"的对话框，线传感器和工具的相对位置已经设置完毕，因此不需要更新位置，这里单击"No"按钮，即保持原位置即可，如图 6.2.11 所示。

　　创建的动态夹具组件总结如图 6.2.12 所示。

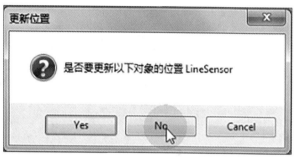

图 6.2.11　安装线传感器到工具

图 6.2.12　创建的动态夹具组件总结

三、创建"属性与连结"

设置完线传感器后，需要完成动作的组件已经添加完成，接下来进行属性连结，即"LineSensor"检测到的物料作为安装子对象，同样也是拆除子对象。单击"添加连结"链接，在弹出的对话框中,"源对象"选择"LineSensor","源属性"选择"SensedPart","目标对象"选择"Attacher","目标属性"选择"Child",即线传感器检测到的物料("SensedPart")作为抓取子对象,如图 6.2.13 所示。

由于安装子对象也是拆除子对象,所以还需要添加用于拆除子对象的属性连结,即用"Attacher"的"Child"连结"Detacher"的"Child"。在"添加连结"对话框中,"源对象"选择"Attacher","源属性"选择"Child","目标对象"选择"Detacher","目标属性"选择"Child",如图 6.2.14 所示。

图 6.2.13　设定抓取子对象连结　　　　　图 6.2.14　设定放置对象连结

添加完两条属性连结后,"属性连结"列表的显示如图 6.2.15 所示。

属性连结			
源对象	源属性	目标对象	目标属性
LineSensor	SensedPart	Attacher	Child
Attacher	Child	Detacher	Child

图 6.2.15　"属性连结"列表的显示

这样完成两条属性的连结:当工业机器人及其安装的夹具运动到抓取物料上表面位置时,线传感器"LineSensor"检测到了物料 A 后置位夹具,使物料 A 作为所要抓取的对象;工业机器人将物料 A 抓上之后,工业机器人及其安装的夹具运行到码盘上放置物料的位置时执行释放动作,因此,需要复位夹具信号将线传感器复位,然后执行拆除操作,这样物料 A 就被放置在码盘上。

四、创建"信号和连接"

最后,对"信号和连接"进行设置,以保证完成信号间的传递。

1. 创建 I/O 信号

夹具的 Smart 组件同样需要新建输入和输出信号。输入信号触发夹具执行抓取和释放动作,置 1 为打开真空抓取、置 0 为关闭真空释放;输出信号用于真空反馈,即当夹具抓取到物料后的反馈信号,置 1 为真空已建立,表示物料已经完成抓取,置 0 为真空已消失,表示物料已完成释放。

在"信号和连接"选项卡中分别添加名称为"Grip"的输入信号(用于控制夹具的抓取和释放动作)和名称为"VacuumOK 的输出信号(用于真空反馈),如图 6.2.16 所示。单击"添加 I/O Signals"链接,在弹出的对话框中,"信号类型"设置为"DigitalInPut","信号名称"设置为"Grip",单击"确定"按钮;单击"添加 I/O Signals"链接,在弹出的对话框中,"信号类型"设置为"DigitalOutput","信号名称"设置为"VacuumOK",单击"确定"按钮。

图 6.2.16 添加 I/O 信号

2. 添加 I/O 信号连接

I/O 信号创建完成后需要添加 I/O 信号连接,以实现信号的传递。

首先利用开启真空的动作信号"Grip"触发线传感器执行检测,单击下方的"I/O Connection"链接,在弹出的对话框中,"源对象"选择"SC_Tool","源信号"选择"Grip","目标对象"选择"LineSensor"和"Active",单击"确定"按钮,如图 6.2.17 所示。

线传感器激活后,如果检测到物料到位,即对应线传感器输出信号触发夹具抓取动作的执行。单击下方的"I/O Connection"链接,在弹出的对话框中,"源对象"选择"LineSensor","源信号"选择"SensorOut","目标对象"选择"Attacher"和"Execute",单击"确定"按钮,如图 6.2.18 所示。

图 6.2.17 添加"Grip"信号触发线传感器

图 6.2.18 添加线传感器输出信号
触发夹具抓取动作

该 I/O 信号连接设置,使线传感器检测到物料后就自动执行安装操作。I/O 信号连接添加完成后,"I/O 连接"列表的显示如图 6.1.19 所示。

I/O连接			
源对象	源信号	目标对象	目标对象
SC_Tool	Grip	LineSensor	Active
LineSensor	SensorOut	Attacher	Execute

图 6.2.19 "I/O 连接"列表的显示

当工业机器人抓取物料之后,运行到放置位置需要放置物料时,同样需要信号做相应的处理，但"Grip"信号是上升沿触发，需要用一个下降沿触发拆除操作，因此需要用到信号运算，即利用'非'运算实现关闭真空后触发释放动作的执行。在"信号和属性"级联菜单中选择实现信号运算的子组件"LogicGate"，在其属性设置窗口中，在"Operator"下拉列表中选择"NOT"选项，并单击"应用"和"关闭"按钮，如图6.2.20所示。

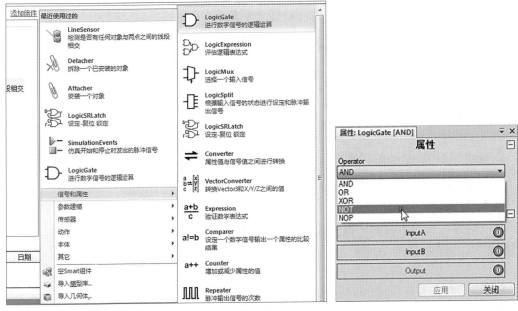

图6.2.20　添加"LogicGate"子组件

下一步需要利用"Grip"信号触发线传感器激活，首先利用"Grip"信号连接非运算，然后利用非运算的输出结果触发拆除动作，即实现当关闭真空后触发释放动作的执行。因此，此处需要设置两个信号连接关系，在"信号和连接"选项卡中，单击"I/O Connection"链接，在弹出的对话框中，"源对象"选择"SC_Tool"，"源信号"选择"Grip"，"目标对象"选择"LogicGate［NOT］"和"InputA"，单击"确定"按钮，完成信号和非运算的连接；继续单击"I/O Connection"链接，"源对象"选择"LogicGate［NOT］"，"源信号"选择"Output"，"目标对象"选择"Detacher"和"Execute"，单击"确定"按钮，设置结果如图6.2.21所示。

图6.2.21　添加放置物料动作信号连接

拾取动作完成后需要执行置位动作，放置动作完成后需要执行复位动作，以保证夹具动作的保持性，这里可以利用"Attacher"的执行和"Detacher"的执行去触发反馈信号，但这里都是脉冲触发，不能实现锁定功能，因此，需要添加带锁定功能的组件，在"信号和属性"级联菜单中选择设定复位的子组件"LogicSRlatch"，如图6.2.22所示，它用于置位、复位信号，并且自带锁定功能，此处用于置位、复位真空反馈信号。

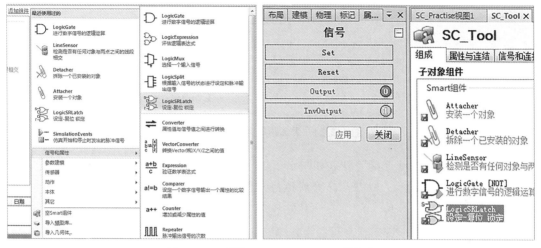

图 6. 2. 22　添加"LogicSRlatch"子组件

下面利用"Attacher"执行抓取动作完成后，触发"LogicSRlatch"子组件执行置位操作。然后利用"Detacher"执行释放动作完成后，触发"LogicSRlatch"子组件执行复位操作。

回到"信号和连接"选项卡，单击"I/O Connection"链接，在弹出的对话框中，"源对象"选择"Attacher"，"源信号"选择"Executed"，"目标对象"选择"LogicSRLatch"和"Set"，单击"确定"按钮；单击"I/O Connection"链接，在弹出的对话框中，"源对象"选择"Detacher"，"源信号"选择"Executed"，"目标对象"选择"LogicSRLatch"和"Reset"，单击"确定"按钮，如图6.2.23所示。

图 6. 2. 23　添加夹具置位/复位连接

放置动作完成后，需要触发"LogicSRLatch"子组件执行夹具的复位操作，即触发真空反馈信号"VacuumOK"置位/复位动作，实现的最终效果为当抓取动作完成后将"VacuumOK"置1，当放置动作完成后将"VacuumOK"置0。这样就可以通过真空反馈信号来给工业机器人传递抓取和放置的反馈信息。

单击"I/O Connection"链接，在弹出的对话框中，"源对象"选择"LogicSRLatch"，"源信号"选择"Output"，"目标对象"选择"SC_Tool"和"VacuumOK"，单击"确定"按钮，如图 6.2.24 所示。

图 6.2.24　添加执行复位动作连接

设置完成后的"I/O 连接"列表如图 6.2.25 所示。针对后面 3 条连接进行分析：抓取物料完成执行置位的锁定；放置产品完成执行复位的锁定；锁定功能连接的是夹具本身的真空反馈信号"VacuumOK"。

I/O连接			
源对象	源信号	目标对象	目标对象
SC_Tool	Grip	LineSensor	Active
LineSensor	SensorOut	Attacher	Execute
SC_Tool	Grip	LogicGate [NOT]	InputA
LogicGate [NOT]	Output	Detacher	Execute
Attacher	Executed	LogicSRLatch	Set
Detacher	Executed	LogicSRLatch	Reset
LogicSRLatch	Output	SC_Tool	VacuumOK

图 6.2.25　"I/O 连接"列表显示

对整个动作过程总结：工业机器人夹具运动到抓取位置，打开真空以后，线传感器开始检测，如果检测到物料 A 与其发生接触，则执行抓取动作，夹具将物料 A 拾取，并将真空反馈信号置 1，然后工业机器人夹具运动到放置位置，关闭真空以后，执行释放动作，物料 A 被夹具放下，同时将真空反馈信号置 0，工业机器人夹具再次运动到抓取位置去抓取下一个物料，进入下一个循环。这样就完成了动态夹具动画的设定。

夹具子组件信号连接设计如图 6.2.26 所示。

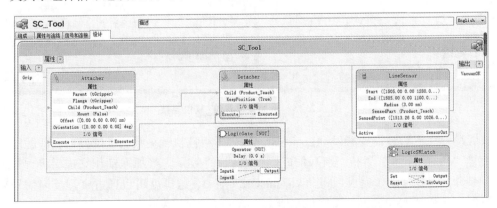

图 6.2.26　夹具子组件信号连接设计

五、结果演示

所有的信息添加完成后，需要验证当前的夹具是否能够按照工艺要求完成动作仿真，该部分主要利用手动移动功能，把工业机器人移动到抓取/释放位置，执行夹具的置位和复位操作。

回到"基本"选项卡，激活"Freehand"工具栏中的"手动线性"工具，单击工业机器人末端，利用出现的三维箭头移动工业机器人。在输送链末端摆放一个专门用于练习的物料（"Product_Teach"），将该物料设为"可见"，并且前面已经将其设为"可由传感器检测"，如图 6.2.27 所示。

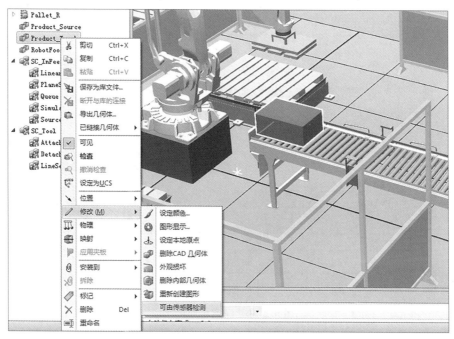

图 6.2.27　设置物料"可见"和"可由传感器检测"

利用"手动线性"工具，手动拖动工业机器人夹具到物料上方，然后用鼠标右键单击"SC_Tool"，打开其属性设置界面，如图 6.2.28 所示。

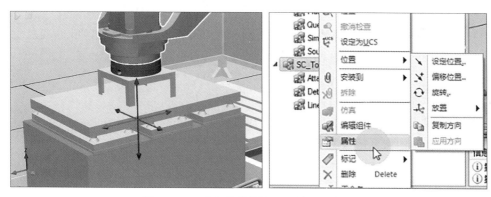

图 6.2.28　在抓取位置打开属性设置界面

　　在属性设置界面中手动触发"Grip"，此时"VacuumOK"已经置1，说明工业机器人已经完成了抓取动作，并利用"手动线性"工具移动工业机器人，物料已经被工业机器人夹具抓取，如图6.2.29所示。

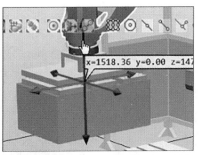

图 6.2.29　完成抓取动作

　　当手动复位"Grip"信号时，发现"VacuumOK"信号也会复位，此时"VacuumOK"已经置0，说明夹具已将物料释放完成。利用"手动线性"工具移动工业机器人，发现物料已经从工业机器人夹具中被释放，如图6.2.30所示。

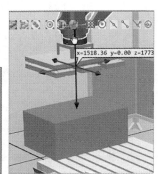

图 6.2.30　完成释放动作

　　这样，利用Smart组件创建动态夹具任务已经全部完成。对该部分总结为：引入了"Attacher"（安装）和"Detacher"（拆除）；安装和拆除子对象不能指定为唯一的一个物料，因此引入了线传感器，用线传感器检测，当前检测到的物料即作为安装和拆除子对象；用到了非运算和信号锁定的组件实现信号连接。

【学习检测】

　　(1) 本任务中创建动态夹具选用了哪些Smart子组件？

　　(2) 分析本任务的工艺过程。

　　(3) 本任务创建了哪些信号连接？

　　(4) 简要写出对本任务中夹具置位/复位的理解。

　　(5) 本任务中的仿真运行需要注意哪些问题？

【学习记录】

学习记录单					
姓名		学号		日期	
学习项目：					
任务：			指导老师：		

【考核评价】

"任务 6.2 创建动态夹具"考核表

姓名		学号		日期	年 月 日		
类别	项目	考核内容	得分	总分	评分标准		签名
理论	知识准备（100分）	创建动态夹具选用了哪些 Smart 子组件？（20分）			根据完成情况和质量打分		
		本任务创建了哪些信号连接？（20分）					
		本任务中如何实现夹具信号的置位/复位？（20分）					
		写出本任务的工艺过程（40分）					

续表

类别	项目	考核内容	得分	总分	评分标准	签名
实操	技能要求（50分）	能熟练根据工艺要求选用组件并创建所需的信号			1. 能完成该任务的所有技能项，得满分； 2. 只能完成该任务的一部分技能项，根据情况扣分； 3. 不能正确操作则不得分	
		能熟练完成组件属性设置				
		能熟练创建"信号和连接"				
		能熟练完成工作过程仿真				
	任务完成情况	完成□/未完成□				
	完成质量（40分）	工艺及熟练程度（20分）			1. 任务"未完成"，此项不得分； 2. 任务"完成"，根据完成情况打分	
		工作进度及效率（20分）				
	职业素养（10分）	安全操作、团队协作、职业规范、强国责任等			1. 未发生操作安全事故； 2. 未发生人身安全事故； 3. 符合职业操作规范； 4. 具有团队意识	
评分说明						
备注	1. 该考核表原则上不能出现涂改现象，否则必须在涂改处签名确认； 2. 该考核表作为学生学习过程考核的标准					

【学习总结】

_____

_____

_____

_____

_____

_____

_____

_____

_____

_____

_____

_____

_____

_____

任务 6.3 设定工作站逻辑

【知识储备】

完成了动态输送链和动态夹具的创建后，需要设定输送链的 Smart 组件与夹具的 Smart 组件、输送链的 Smart 组件与工业机器人、真空反馈信号与工业机器人等之间的信息通信，从而完成整个搬运码垛工作站的自动仿真过程。前面已经完成了两个组件之间的逻辑设置，因此本任务只设定工业机器人与 Smart 组件之间的逻辑关系，这里可以认定 Smart 组件所创建的输送链和夹具为两个外围设备，从而实现外围设备和工业机器人之间的通信。

将 Smart 组件的输入/输出信号与工业机器人端的输出/输入信号进行关联，即 Smart 组件的输出信号作为工业机器人端的输入信号，工业机器人端的输出信号作为 Smart 组件的输入信号，此处可将 Smart 组件当作一个与工业机器人进行 I/O 通信的 PLC。

因此，本任务的工作要求是：在输送链、夹具和工业机器人三者之间做好工作站的逻辑连接，从而完成整个工作站的动画效果。

一、建立工业机器人端 I/O 信号

根据工业机器人与 Smart 组件的通信要求，工业机器人端需要新建通信用 I/O 信号，I/O 信号建立过程见任务 5.1。

工业机器人需设定的工作流程如图 6.3.1 所示，即工业机器人在输送链末端等待物料到位，物料到位后工业机器人到达该物料上方并通知工业工业夹具抓取物料，由真空反馈信号通知工业机器人已抓取完成，工业机器人继续执行程序，夹持物料运行至应放置的码盘位置，夹具执行放料动作，并通过真空反馈信号通知工业机器人已放料完成，然后工业机器人继续执行程序至初始位置，等待下一个物料，这样一个周期的仿真过程结束。

图 6.3.1 工业机器人需设定的工作流程

根据对工作任务的流程分析，这里工业机器人端需要建立 3 个通信用的 I/O 信号，其名称和说明如表 6.3.1 所示。

可通过 "I/O System" 查看已建立的工业机器人 I/O 信号。在 "控制器" 选项中选择 "配置编辑器"→"I/O System" 选项，在弹出的界面中选择 "Signal" 选项，如图 6.3.2 所示，查看已定义的 3 个 I/O 信号 "diBoxInPos" "diVacuumOK" 和 "doGripper"。

码垛工业机器人的程序这里不作具体讲解，可编写符合码垛工艺要求的相关程序。常

用的码垛垛型为"2+1"（图 6.3.3）、"3+2"等，每一层按照位置交错排列，还需要考虑工业机器人码垛时需要在两侧码盘中分别放置物料还是只在一侧码盘上放置物料。

表 6.3.1　工业机器人端的 3 个通信用的 I/O 信号

信号名称	描述
diBoxInPos	数字输入信号，用作接收物料到位的信号
diVacuumOK	数字输入信号，用作接收真空反馈的信号
doGripper	数字输出信号，用作控制真空吸盘动作的信号

图 6.3.2　已建立的工业机器人 I/O 信号

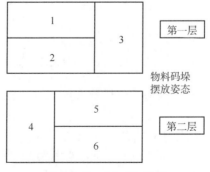

图 6.3.3　"2+1"垛型

这里可通过单击"RAPID"选项卡，展开相应的工业机器人程序模块，查看和修改编写的样例程序，如图 6.3.4 所示。

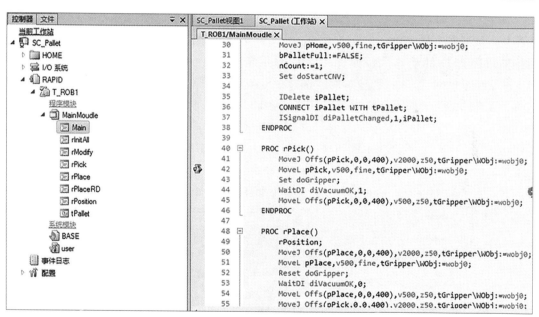

图 6.3.4 码垛工业机器人样例程序

二、设定工作站间的逻辑关系

通过工作站逻辑设定功能，在 Smart 组件之间、Smart 组件与工业机器人之间完成信号的传递和通信，以实现仿真任务的连续性和自动化过程。

在"仿真"选项卡中，单击"工作站逻辑"按钮，打开编辑界面，如图 6.3.5 所示。在"信号和连接"选项卡中设定各个 Smart 组件之间与工业机器人系统之间的逻辑连接。

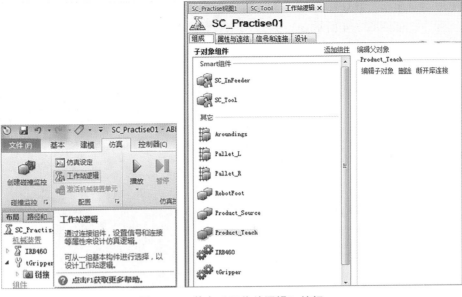

图 6.3.5　单击"工作站逻辑"按钮

　　首先添加工业机器人系统中控制真空吸盘动作的输出信号"doGripper"关联夹具组件中控制夹具抓取和释放的输入信号"Grip"的连接，以保证工业机器人到位后，控制夹具实施抓取或释放的动作。按照图 6.3.6 所示单击"I/O Connection"链接，在弹出的图 6.3.7 所示的对话框中，"源对象"选择"System1"，即本任务所创建的工业机器人系统名称，而默认的位于列表首位的"SC_Practise01"指的是本任务工作站名称；"源信号"选择"do_Gripper"，"目标对象"选择"SC_Tool"和"Grip"，如图 6.3.8 所示，设置完成后单击"确定"按钮。该连接主要实现利用工业机器人的输出信号"doGripper"控制夹具组件的拾取信号"Grip"。

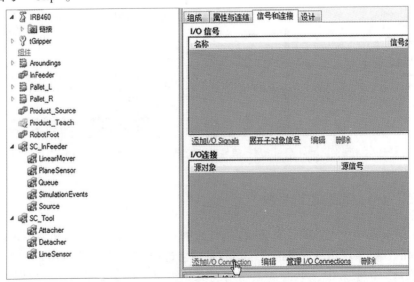

图 6.3.6　单击"I/O Connection"链接

图 6.3.7 选择工业机器人系统

图 6.3.8 关联工业机器人输出信号
和夹具抓取信号

接下来利用工业机器人系统的输送链启动信号"doStartCNV",控制输送链系统的启动信号"StartCNV"。单击"I/O Connection"链接,在弹出的对话框中,"源对象"选择"System1"(工业机器人系统),"源信号"选择"doStartCNV","目标对象"选择"SC_InFeeder"和"StartCNV",如图6.3.9所示,单击"确定"按钮。

夹具具有抓取或释放后的真空反馈信号,因此利用夹具组件("SC_Tool")的真空反馈输出信号("VacuumOK")关联工业机器人系统(System1)的真空反馈输入信号("diVacuumOK"),以实现当夹具已经抓取或释放物料后,"VacuumOK"将该信息输出给工业机器人,工业机器人端的"diVacuumOK"接收到该信息后,继续执行相应的运行程序至下一目标点。

单击"I/O Connection"链接,在弹出的对话框中,"源对象"选择"SC_Tool","源信号"选择"VacuumOK","目标对象"选择"System1"和"diVacuumOK",如图6.3.10所示,单击"确定"完成连接。

图 6.3.9 关联工业机器人系统的输送链
启动信号和输送链系统的启动信号

图 6.3.10 关联夹具的真空反馈信号
和工业机器人的真空检测信号

输送链组件有物料到位的反馈输出信号"BoxInPos",用该信号("BoxInPos")关联工业机器人系统的物料到位信号("diBoxInPos"),以实现当物料到位后,"BoxInPos"将信息输出给工业机器人,工业机器人端的"diBoxInPos"接收到该信息后,使工业机器人运行到达物料位置开始抓取物料。

单击"I/O Connection"链接,在弹出的对话框中,"源对象"选择"SC_InFeeder","源信号"选择"BoxInPos","目标对象"选择"System1"和"diBoxInPos",如图6.3.11所示,单击"确定"按钮完成连接。

图 6. 3. 11　关联输送链的物料到位信号和工业机器人的物料到位信号

　　根据图 6. 3. 12 所示列表中完成的信号连接，对添加的 4 条工作站的逻辑进行总结：第一条利用工业机器人的输出信号（"do＿Gripper"）控制夹具（"SC＿Tool"）抓取物料（"Grip"）；第二条利用工业机器人的输送链启动的输出信号（"doStartCNV"）控制输送链组件（"SC＿InFeeder"）的启动（"StartCNV"）；第三条利用夹具组件的真空反馈信号（"VacuumOK"）控制工业机器人的真空检测输入信号（"diVacuumOK"）；第四条是输送链的物料到位输出信号（"BoxInPos"）控制工业机器人的物料到位输入信号（"diBoxInPos"）。这样就构成了一套完整的工作站逻辑。

I/O连接			
源对象	源信号	目标对象	目标对象
System1	doGripper	SC_Tool	Grip
System1	doStartCNV	SC_InFeeder	StartCNV
SC_Tool	VacuumOK	System1	diVacuumOK
SC_InFeeder	BoxInPos	System1	diBoxInPos

图 6. 3. 12　信号连接列表

三、仿真运行

　　在仿真运行之前，需要已经编写完码垛工业机器人的所有工作程序，并且通过"仿真设定"功能将所有的组件、工业机器人系统等全部选中，即在"仿真"选项卡中单击"仿真设定"按钮，选中所有对象后关闭"仿真设定"界面，如图 6. 3. 13 所示。

图 6. 3. 13　选中所有仿真对象

方法1：在"仿真"选项卡中单击"I/O仿真器"按钮，在右侧"选择系统"下拉列表中选择"SC_InFeeder"选项，单击"仿真"选项卡中的"播放"按钮，单击右侧"输入"区域的"StartCNV"信号，如图6.3.14所示，可在视图中查看该搬运码垛工作站的整体仿真运行过程。

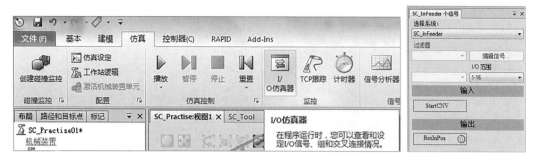

图6.3.14　利用"I/O仿真器"运行码垛工业机器人系统

方法2：单击"仿真"选项卡中的"播放"按钮，可看到动画连续动作，进行仿真演示。

说明：首先工业机器人发送输送链启动信号"doStartCNV"（该信号需要在工业机器人程序中编译），输送链产生物料，物料沿着输送链移动到末端，到位后发出到位信号通知工业机器人，工业机器人控制夹具执行物料的抓取，移动到放置位置后放置，回到初始位置并等待下一个物料到位。

如果要修改输送链速度，可进行如下操作：在列表中展开"SC_InFeeder"，用鼠标右键单击"LinearMover"子组件，选择"属性"选项，打开属性设置界面，在"Speed"输入框中输入"400"完成修改，如图6.3.15所示。

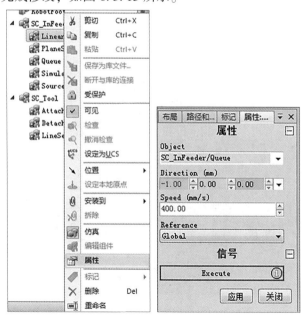

图6.3.15　修改运动速度

再次单击"仿真"选项卡中的"播放"按钮，工业机器人自动回到 Home 点，并发送输送链启动信号，物料到位后，工业机器人自动抓取物料并放置到码盘上，然后等待下一个物体到位。

输送链系统、工业机器人系统和夹具系统三者相互配合，从而能够整体地验证整个程序的逻辑设计。如果需要修改程序，可单击"RAPID"选项卡，进入程序编译界面，对程序进行修改，可改变层数、跺型等，从而满足不同工作站的需求，如图 6.3.16 所示。

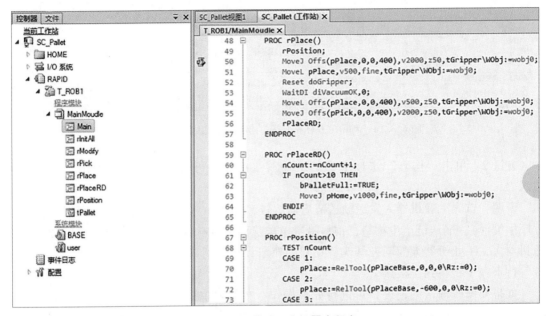

图 6.3.16　修改工业机器人程序

搬运码垛工作站的仿真效果如图 6.3.17 所示。

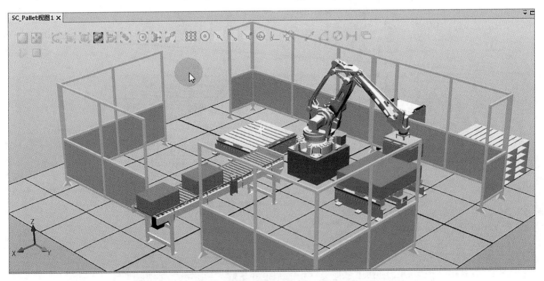

图 6.3.17　搬运码垛工作站的仿真效果

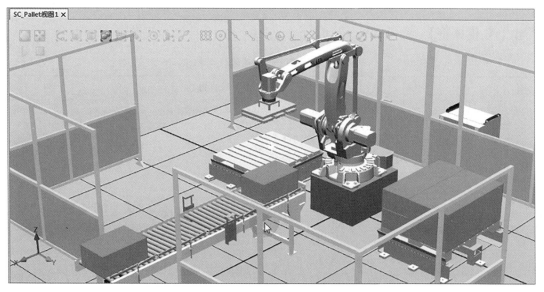

图 6.3.17　搬运码垛工作站的仿真效果（续）

【学习检测】

（1）本任务中工业机器人建立了哪些信号？其功能是什么？

（2）搬运码垛工作站设定了哪些逻辑连接？

（3）列表分析本任务所添加信号的连接关系和对应关系。

（4）自行写出码垛程序，要求 2 层共 10 个物料（"3+2" 垛型）。

【学习记录】

学习记录单					
姓名		学号		日期	
学习项目：					
任务：				指导老师：	

【考核评价】

"任务 6.3 设定工作站逻辑" 考核表

姓名		学号			日期		年　月　日	
类别	项目	考核内容		得分	总分	评分标准		签名
理论	知识准备（100分）	写出工业机器人信号的功能（20分）				根据完成情况和质量打分		
		列表写出组件与工业机器人系统之间的逻辑连接关系（50分）						
		写出本任务的仿真过程（30分）						
实操	技能要求（50分）	能根据工艺要求，熟练地写出合理的码垛工业机器人程序				1. 能完成该任务的所有技能项，得满分； 2. 只能完成该任务的一部分技能项，根据情况扣分； 3. 不能正确操作则不得分		
		能熟练地设计工作站的逻辑连接关系						
		能熟练、正确地完成信号的逻辑连接						
		能熟练完成工作过程仿真						
	任务完成情况	完成□/未完成□						
	完成质量（40分）	工艺及熟练程度（20分）				1. 任务"未完成"，此项不得分； 2. 任务"完成"，根据完成情况打分		
		工作进度及效率（20分）						
	职业素养（10分）	安全操作、团队协作、职业规范、强国责任等				1. 未发生操作安全事故； 2. 未发生人身安全事故； 3. 符合职业操作规范； 4. 具有团队意识		
评分说明								
备注	1. 该考核表原则上不能出现涂改现象，否则必须在涂改处签名确认； 2. 该考核表作为学生学习过程考核的标准							

【学习总结】

附录： **Smart 子组件说明**

1. 信号和属性

"信号和属性"包含"信号关联""属性传递"等子组件功能，具体内容如附表1所示。

附表1 "信号和属性"子组件列表

序号	子组件名称	功能描述及说明
1	LogicGate	进行数字信号的逻辑运算。"Output"信号由"InputA"和"InputB"这两个信号的"Operator"中指定的逻辑运算设置，延迟在"Delay"中指定
2	LogicExpression	评估逻辑表达式
3	LogicMux	选择一个输入信号。依照"Output = (InputA * NOT Selector) + (InputB * Selector)"设定"Output"。当"Selector"为低电平时，选中第一个输入信号；当"Selector"为高电平时，选中第二个输入信号
4	LogicSplit	根据输入信号的状态设定脉冲输出信号。"LogicSplit"获得"Input"并将"OutputHigh"设为与"Input"相同，将"OutputLow"设为与"Input"相反。"Input"设为"High"时，"PulseHigh"发出脉冲；"Input"设为"Low"时，"PulseLow"发出脉冲
5	LogicSRLatch	用于置位/复位信号，并带锁定功能
6	Converter	在属性值和信号值之间转换
7	VectorConverter	在 Vector3 和 X、Y、Z 值之间转换。
8	Expression	验证数学表达式。表达式包括数字字符（包括 PI），圆括号，数学运算符 s、+、—、*、/、^(幂) 和数学函数 sin、cos、sqrt、atan、abs。任何其他字符串被视为变量，作为添加的附加信息。结果将显示在"Result"框中
9	Comparer	设定一个数字信号输出属性的比较结果。Compare 使用"Operator"对第一个值和第二个值进行比较。当满足条件时，将"Output"设为1
10	Counter	增加或减少属性的值。设置输入信号"Increase"时，Count 增加；设置输入信号"Decrease"时，Count 减少；设置输入信号"Reset"时，Count 被重置
11	Repeater	脉冲输出信号"Output"的 Count 次数

续表

序号	子组件名称	功能描述及说明
12	Timer	在仿真时, 在指定的距离间隔脉冲输出一个数据信号。Timer 用于指定间隔脉冲"Output"信号。如果未选中"Repeat", 在"Interval"中指定的间隔后将触发一个脉冲;如果选中"Repeat", 在"Interval"指定的间隔后重复触发脉冲
13	MlutiTimer	在仿真期间的特定时间发出的脉冲数字信号
14	StopWatch	为仿真计时。StopWatch 计量了仿真的时间(TotalTime)。触发"Lap"输入信号将开始新的循环。"LapTime"显示当前单圈循环的时间。只有"Active"设为 1 时才开始计时。当设置"Reset"输入信号时, 时间将被重置

2. 参数建模

"参数建模"包含一些尺寸, 能够自动生成一些模型的功能, 具体内容如附表 2 所示。

附表 2 "参数建模"子组件列表

序号	子组件名称	功能描述及说明
1	ParametricBox	生成一个指定长度、宽度和高度的盒形固体
2	ParametricCylinder	根据给定的 Radius 和 Height 生成一个圆柱体
3	ParametricLine	根据给定端点和长度生成线段, 如果端点或长度发生变化, 生成的线段将随之更新
4	ParametricCircle	根据给定的半径生成一个圆
5	LinearExtrusion	面拉伸或线段沿着矢量方向。沿着 Projection 指定的方位拉伸 SourceFace 或 SourceWire
6	LinearRepeater	创建图形组件的拷贝。根据 Offset 给定的间隔和方向创建一定数量的 Source 的复制
7	MatrixRepeater	在三维空间中创建图形组件的复制。在三维环境中, 以指定的间隔创建指定数量的 Source 对象的复制
8	CircularRepeater	沿着图形组件的圆创建复制。根据给定的 DeltaAngle 沿 SmartComponent 的中心创建一定数量的 Source 的复制

3. 传感器

"传感器"提供了大量检测功能, 比如线面检测、碰撞检测、空间检测、位置检测等具体内容如附表 3 所示。

附表3　"传感器"子组件列表

序号	子组件名称	功能描述及说明
1	CollisionSensor	对象间的碰撞检测。CollisionSensor 检测第一个对象和第二个对象间的碰撞和接近丢失。如果其中一个对象没有指定，将检测另外一个对象在整个工作站中的碰撞。当"Active"信号为 High、发生碰撞或接近丢失并且组件处于活动状态时，设置"SensorOut"信号并在属性编辑器的第一个碰撞部件和第二个碰撞部件中报告发生碰撞或接近丢失的部件
2	LineSensor	检测是否有任何对象与两点之间的线段相交。根据 Start、End 和 Radius 定义一条线段。当"Active"信号为 High 时，传感器将检测与该线段相交的对象。相交的对象显示在 ClosestPart 属性中，距离传感器起点最近的相交点显示在 ClosestPoint 属性中。出现相交时，会设置"SensorOut"输出信号
3	PlaneSensor	检测对象与平面是否相交。通过 Origin、Axis1 和 Axis2 定义平面。设置"Active"输入信号时，传感器会检测与平面相交的对象，相交的对象将显示在 SensedPart 属性中，出现相交时，将设置"SensorOut"输出信号
4	VolumeSensor	检测是否有任何对象位于某个体积内。检测全部或部分位于箱形体积内的对象。体积用角点、边长、边高、边宽和方位角定义。
5	PositionSensor	在仿真过程中对对象进行位置的检测。检测对象的位置和方向，对象的位置和方向仅在仿真期间被更新
6	ClosestObject	查找最接近参考点或其他对象的对象。定义了参考对象或参考点。设置"Execute"信号时，组件会找到 ClosestObject、ClosestPart 和相对于参考对象或参考点的 Distance（如未定义参考对象）。如果定义了 RootObject，则会将搜索的范围限制为该对象和其同源的对象。完成搜索并更新相关属性时，将设置"Executed"信号
7	JointSensor	在仿真期间检测机械接点值
8	GetParent	获取对象的父对象

4. 动作

"动作"提供了安装、拆除等功能，对应物料的抓取和释放，其中第三个 Source 用于创建图形的复制，也会经常用到。具体内容如附表4所示。

附表4　"动作"子组件列表

序号	子组件名称	功能描述及说明
1	Attacher	安装一个对象。设置"Execute"信号时，Attacher 将 Child 安装到 Parent 上。如果 Parent 为机械装置，还必须指定要安装的 Flange。设置"Execute"输入信号时，子对象将安装到父对象上。如果选中"Mount"，还会使用指定的 Offset 和 Orientation 将子对象装配到父对象上。完成时，将设置"Executed"输出信号

序号	子组件名称	功能描述及说明
2	Detacher	拆除一个已安装的对象。设置"Execute"信号时，Detacher 会将 Child 从其所安装的父对象上拆除。如果选中"Keep position"，位置将保持不变，否则相对于其父对象放置子对象的位置。完成时，将设置"Executed"信号
3	Source	创建一个图形组件的复制。源组件的 Source 属性表示在收到"Execute"输入信号时应复制的对象。所复制对象的父对象由 Parent 属性定义，而 Copy 属性则指定对所复制对象的参考。输出信号"Executed"表示复制已完成
4	Sink	删除图形组件。Sink 会删除 Object 属性参考的对象。收到"Execute"输入信号时开始删除。删除完成时设置"Executed"输出信号
5	Show	在画面中使对象可见。设置"Execute"信号时，将显示 Object 中参考的对象。完成时，将设置"Executed"信号
6	Hide	在画面中将对象隐藏。设置"Execute"信号时，将隐藏 Object 中参考的对象。完成时，将设置"Executed"信号
7	SetParent	设置图形组件的父对象

5. 本体

"本体"更多地提供一些动作，比如线性移动、旋转运动、机械装置运动、沿着指定曲线运动等。具体内容如附表 5 所示。

附表 5　"本体"子组件列表

序号	子组件名称	功能描述及说明
1	LinearMover	移动一个对象到一条线上。LinearMover 会按 Speed 属性指定的速度，沿 Direction 属性指定的方向，移动 Object 属性中参考的对象。设置"Execute"信号时开始移动，重设"Execute"信号时停止
2	LinearMover2	将指定物体移动到指定的位置
3	Rotator	按照指定的速度，对象绕着轴旋转。Rotator 会按 Speed 属性指定的旋转速度旋转 Object 属性中参考的对象。旋转轴通过 CenterPoint 和 Axis 进行定义。设置"Execute"输入信号时开始运动，重设"Execute"信号时停止运动
4	Rotator2	使指定物体绕着指定坐标轴旋转指定的角度。
5	PoseMover	运行机械装置关节到一个已定义的姿态。PoseMover 包含 Mechanism、Pose 和 Duration 等属性。设置"Execute"输入信号时，机械装置的关节值移向给定姿态。达到给定姿态时，设置"Executed"输出信号

续表

序号	子组件名称	功能描述及说明
6	JointMover	运动机械装置的关节。JointMover 包含机械装置、关节值和执行时间等属性。当设置"Execute"信号时，机械装置的关节向给定的位姿移动。当达到位姿时，使用"Executed"输出信号。使用"GetCurrent"信号可以重新找回机械装置当前的关节值
7	Positioner	设定对象的位置与方向。Positioner 具有对象、位置和方向属性。设置"Execute"信号时，开始将对象向相对于"Reference"的给定位置移动。完成时设置"Executed"输出信号
8	MoveAlongCurve	沿几何曲线移动对象（使用常量偏移）。LinearMover2 会按 Speed 属性指定的速度，沿 Direction 属性指定的方向，移动 Object 属性中参考的对象。设置"Execute"信号时开始移动，重设"Execute"信号时停止移动

6. 其他

"其他"提供了大量的辅助功能，比如常用的队列、切换视角、播放声音、停止仿真、TCP 跟踪等。具体内容如附表 6 所示。

附表 6 "其他"子组件列表

序号	子组件名称	功能描述及说明
1	Queue	表示对象的队列，可作为组进行操纵。表示 FIFO（First In，First Out）队列。当信号"Enqueue"被设置时，在 Back 中的对象将被添加到队列中。队列前端对象将显示在 Front 中。当设置"Dequeue"信号时，Front 对象将从队列中被移除。如果队列中有多个对象，下一个对象将显示在前端。当设置"Clear"信号时，队列中的所有对象将被删除。如果 Transformer 组件以 Queue 组件作为对象，该组件将转换 Queue 组件中的内容，而非 Queue 组件本身
2	ObjectComparer	设定一个数字信号输出对象的比较结果。比较"ObjectA"是否与"ObjectB"相同
3	GraphicSwitch	双击图形在两个部件之间进行转换。通过单击图形中的可见部件或设置重置输入信号在两个部件之间转换
4	Highlighter	临时改变对象颜色。临时将所选对象显示为定义了 RGB 值的高亮色彩。高亮色彩混合了对象的原始色彩，通过 Opacity 进行定义。当信号"Active"被重设时，对象恢复原始色彩
5	MoveToViewPoint	切换到已定义的视角。当设置输入信号"Execute"时，在指定时间内移动到选中的视角。当操作完成时，设置输出信号"Executed"
6	Logger	在输出窗口显示信息。打印输出窗口的信息

序号	子组件名称	功能描述及说明
7	SoundPlayer	播放声音。当输入信号被设置时，播放使用 SoundAsset 指定的声音文件，必须为 ".wav" 文件
8	Random	生成一个随机数。当 "Execute" 信号被触发时，生成最大值、最小值间的任意值
9	StopSimulation	当设置了输入信号 "Execute" 时，停止仿真
10	TraceTCP	开启/关闭工业机器人的 TCP 跟踪
11	SimulationEvents	在仿真开始和停止时发出的脉冲信号
12	LightControl	控制光源

附录: Smart 子组件说明

参 考 文 献

[1] 叶晖, 何智勇, 杨薇. 工业机器人工程应用虚拟仿真教程 [M]. 北京: 机械工业出版社, 2017.

[2] 叶晖, 等. 工业机器人实操与应用技巧 (第2版) [M]. 北京: 机械工业出版社, 2018.

[3] 于玲. 工业机器人虚拟仿真技术 [M]. 北京: 北京邮电大学出版社, 2019.

[4] 宋云艳, 周佩秋. 工业机器人离线编程与仿真 [M]. 北京: 机械工业出版社, 2020.

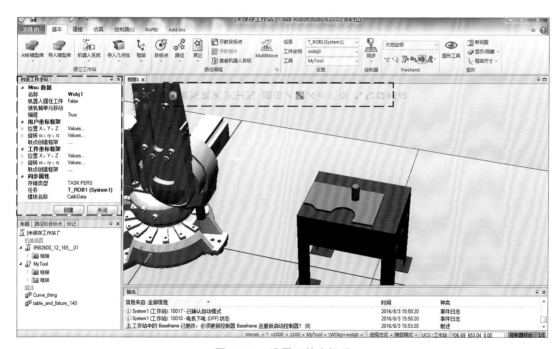

图 2.3.6 设置工件坐标系